U0052061

序言

久未造訪哥本哈根，來到此地卻發現多了許多自行車。
但那街角樣貌、腳下的石板、蛋糕店的店面、
拿著咖啡與甜點談天的人們，卻絲毫未曾改變。

我在瑞典學習紡織設計，已是40年前的事情。
以北歐自然培育出的材料及技巧，
設計打造出布料，實在是非常新鮮又刺激的體驗。
學校裡，也一樣擁有早上和下午的喝茶時間，
大家總是一邊聊天，一邊織著東西。

雖然每天都過得很忙碌，但我經常到附近的森林散步，
在大自然中讓時光流逝。
希望大家能像享受午茶時光一般，
欣賞這本北歐風格的圖樣，就是我最開心的事情。

於小小的工作室　青木和子

# 青木和子的北歐刺繡手札

Nordisk anteckningsbok

# innehåll
contents

## Nordisk life
Nordic life　北歐生活



## Nordisk natur
Nordic nature　北歐自然

# Nordisk anteckningsbok

Nordic notebook 北歐筆記本

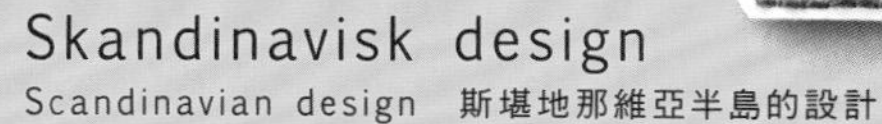

## Skandinavisk design

Scandinavian design 斯堪地那維亞半島的設計

# Nordisk life

Nordic life

BLÅGUL
EXCELLENT SWEDISH BEER
5,2%

# 早上與下午的喝茶時間

午茶時間
必定要有的
就是談天、咖啡、肉桂捲，
以及烤餅乾。



>see p.54-55

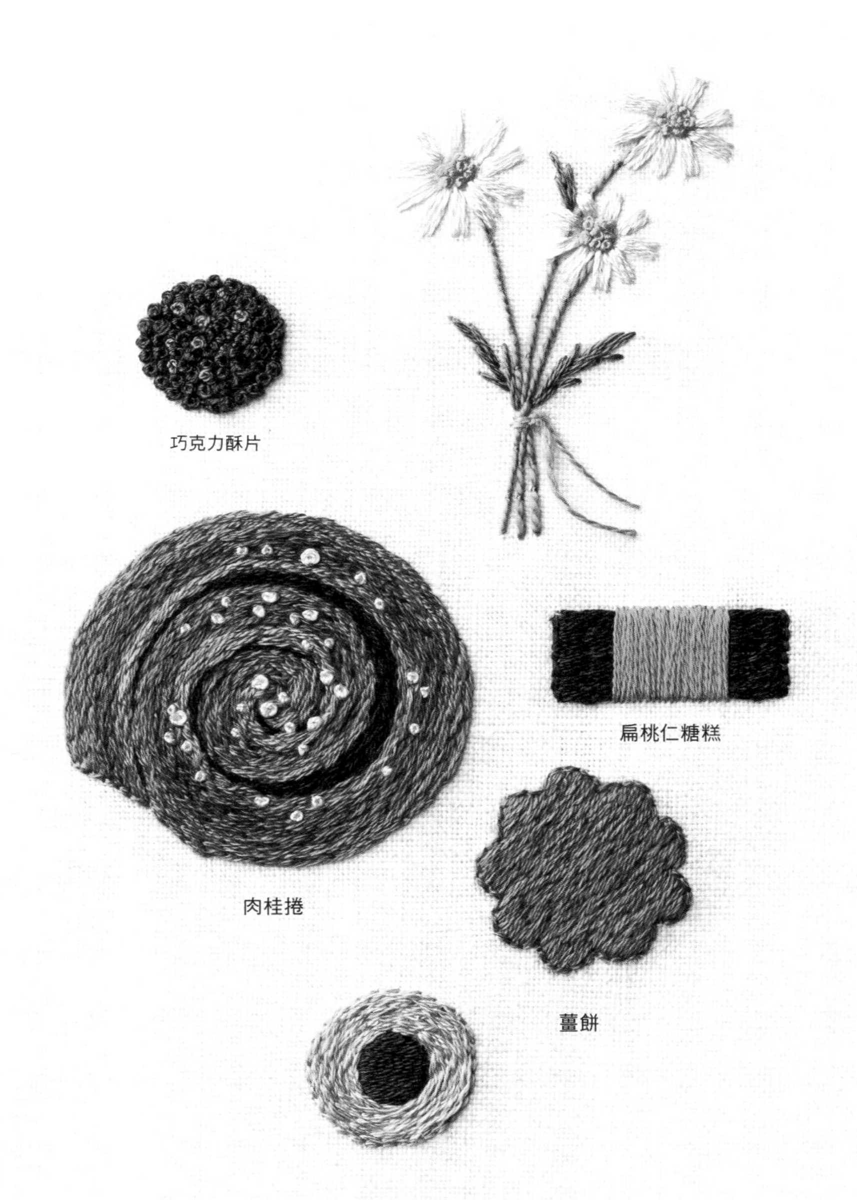
巧克力酥片
肉桂捲
扁桃仁糖糕
薑餅

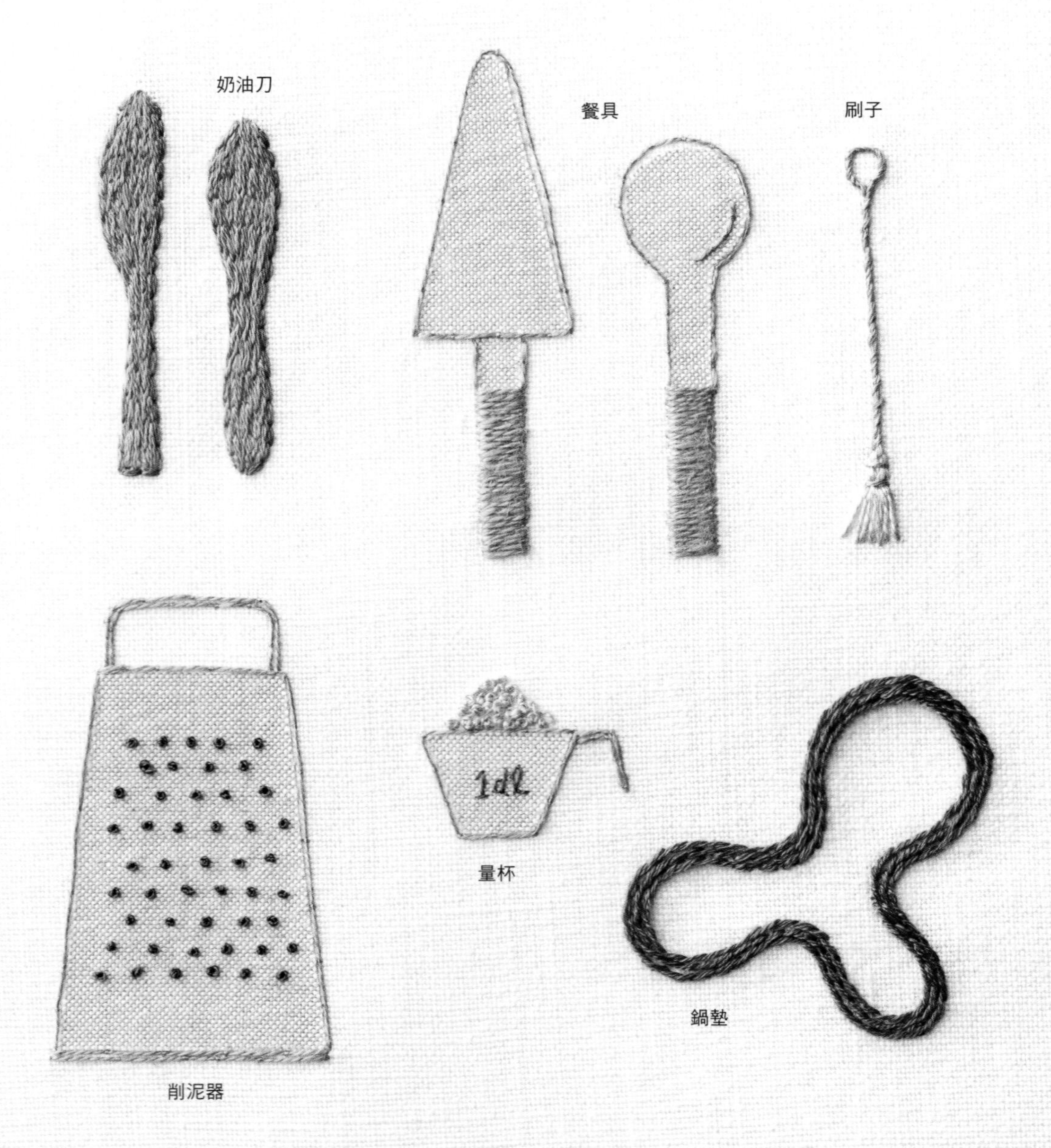
奶油刀
餐具
刷子
1dl
量杯
鍋墊
削泥器


>see p.56-57

# 鍋墊&其他小物

在時髦的廚房中，以勾針繞著圈子，編織出花樣樸素的隔熱墊。

# KOSTA BODA的玻璃杯

斯莫蘭的地方南部，被稱為「玻璃王國」，擁有許多玻璃工房。

>see p.58-59

燭台

# 各式白色器皿

see p.60-61

每日使用
瑞典與芬蘭的
白色器皿。

# Nordisk natur

## Nordic nature

Ek
Quercus robur
Skogsek
Skogsek
Bergek
OK Microprisstationer
Agnesberg 45:an
Askim Gamla Billdalsvägen
Centrum Delsjövägen
Hisingen Arvid Lindmansgatan
Slottsskogen
Kortedala
DALS-
LAND
Dalbosjön
Vänersborg
Uddevalla
Trollhättan
Alingsås
Göteborg
Kungsbacka
Borås
Skagen
KATTEGATT
DANMARK
Frederikshavn
HALLAND
SKALA 1:650 000
14
33

Mariestad
Skara
Skövde
Falköping
ring - som er langt de vigtigste måder - og ved
giftbekæmpelse. Men det er svært at komme rot-
terne til livs, for de har et meget effektivt mod-
våben i deres utrolige formeringsevne; de går kun
drægtige i tre-fire uger, men sætter seks-syv kuld i
verden om året, og hvert kuld består af seks-tolv
nger. Hannerne kan forplante sig, når de er tre
neder, hunnerne når de er treogenhalv-fem må-
er. I fangenskab nåede afkommet af et enkelt
par op på 862 rotter - fortæller Preben Bang.
Egern - mår; bekkasin - spætte
En søborgfrue så forleden et ikke rødt,
brunt egern løbe på Vangedevej med en unge
munden. Da det blev skræmt af nogle pigebørn,
sprang det over et stakit ind i en have uden at
slippe ungen.
Det havde været sandsynligere om det brune dyr
havde været en ilder eller en mår, for rovdyr slæber
ofte af sted med deres unger i flaben. Men visse
egern er brune på ryggen, og det hænder virkelig
også, at gnavere tager deres unger i nakkeskindet,
når det gælder; men det hører allenfals ikke til de
dagligdags oplevelser.
En søllerødboer er blevet vækket af en lyd, som
om en ged brægede lige udenfor vinduerne. Det
87
35 Vintergäck
34
29

# 春之森

融雪之後，
被稱為
Vitsippa的
銀蓮花，
會在森林中曇花一現喔！

>see p.62-63

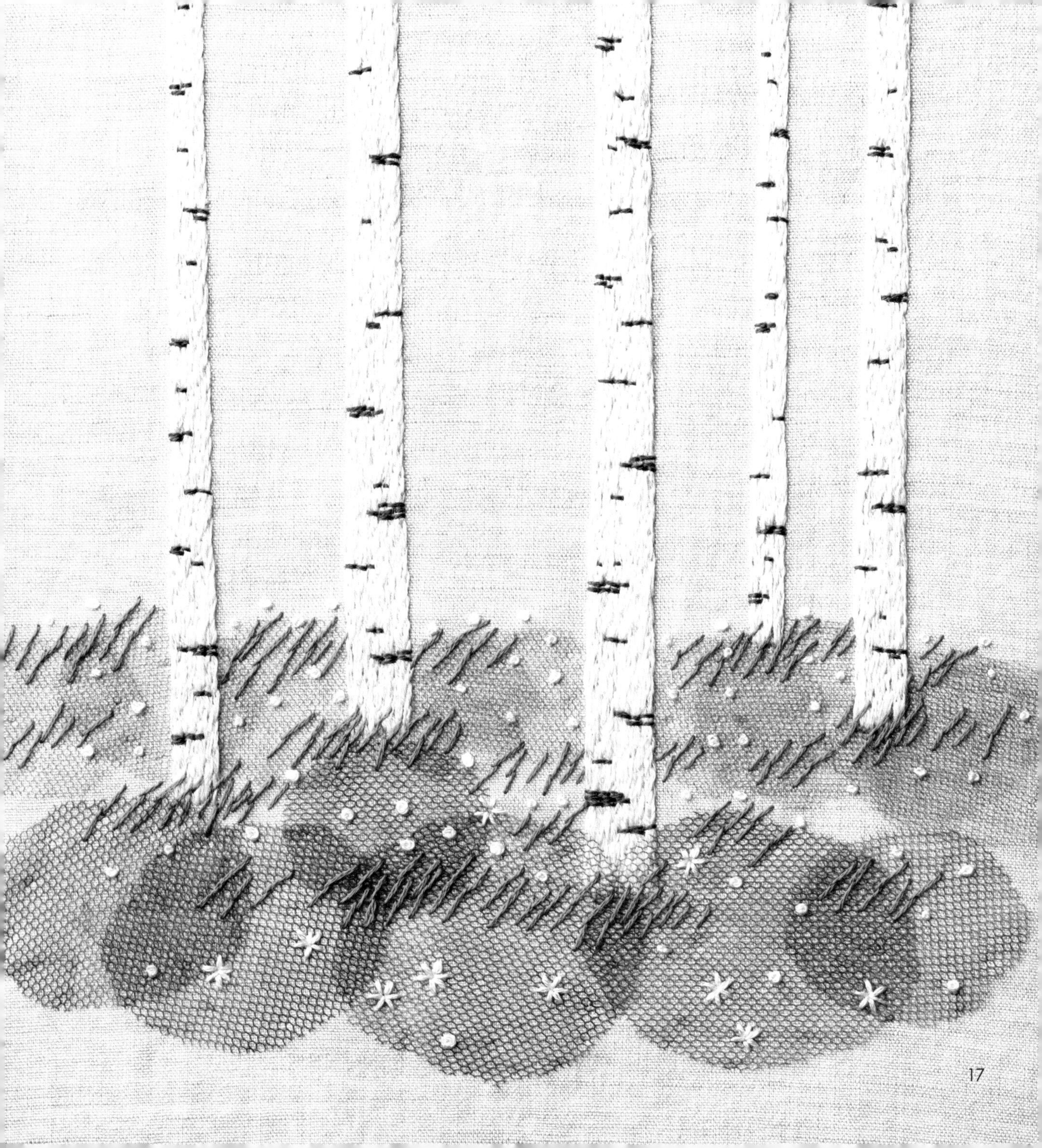

# 森林花卉

森林中綻放著
野生三色堇、勿忘草、
以及
植物學者林奈
所珍愛的
北極花。

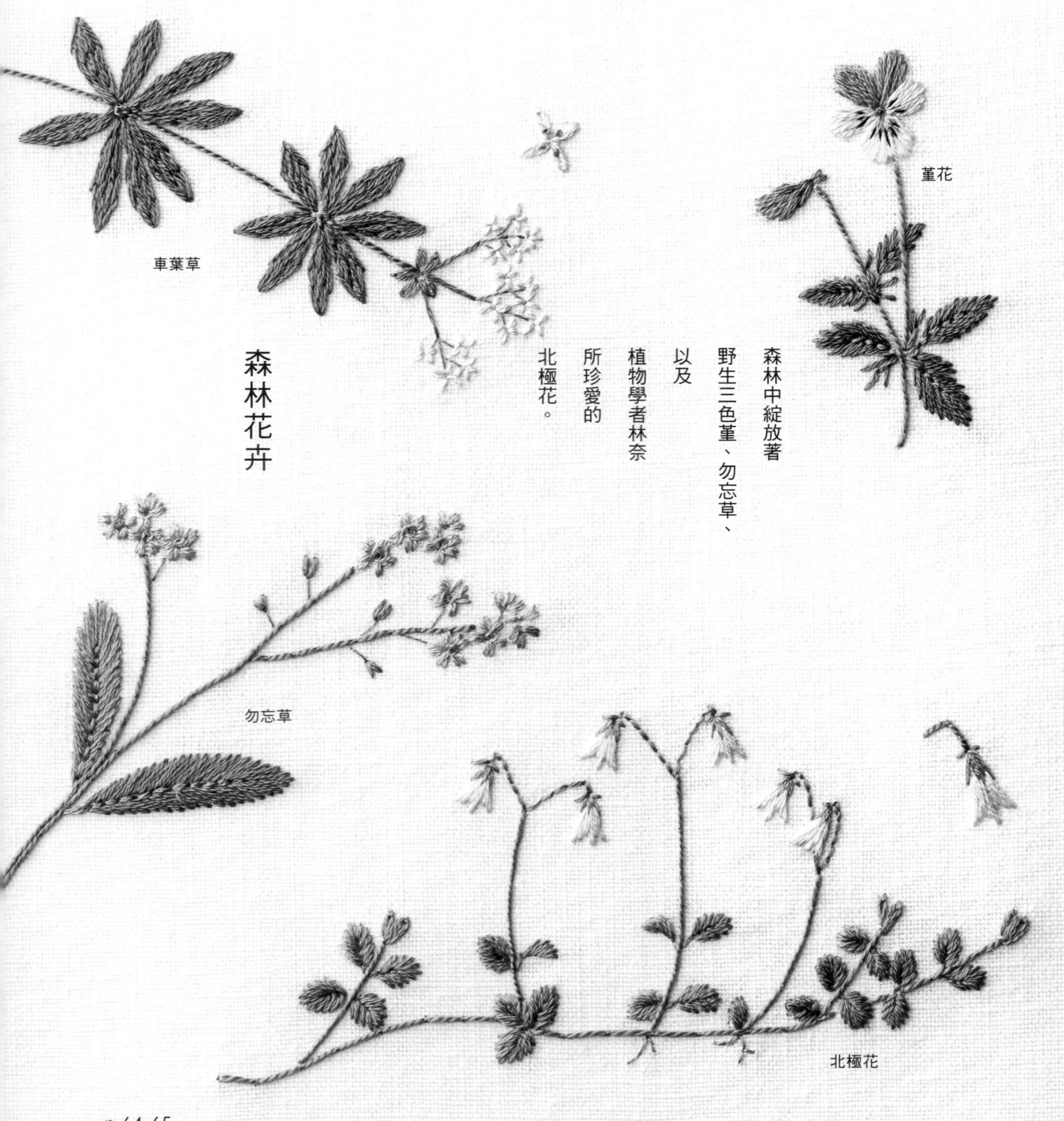
車葉草
堇花
勿忘草
北極花

>see p.64-65

銀點灰蝶
貝母百合
蹄蓋蕨

Kungsängslilja被稱為「國王床鋪的百合」。

# 草原花卉

在春季即將結束時，
草原上
綻放各式各樣的花朵。

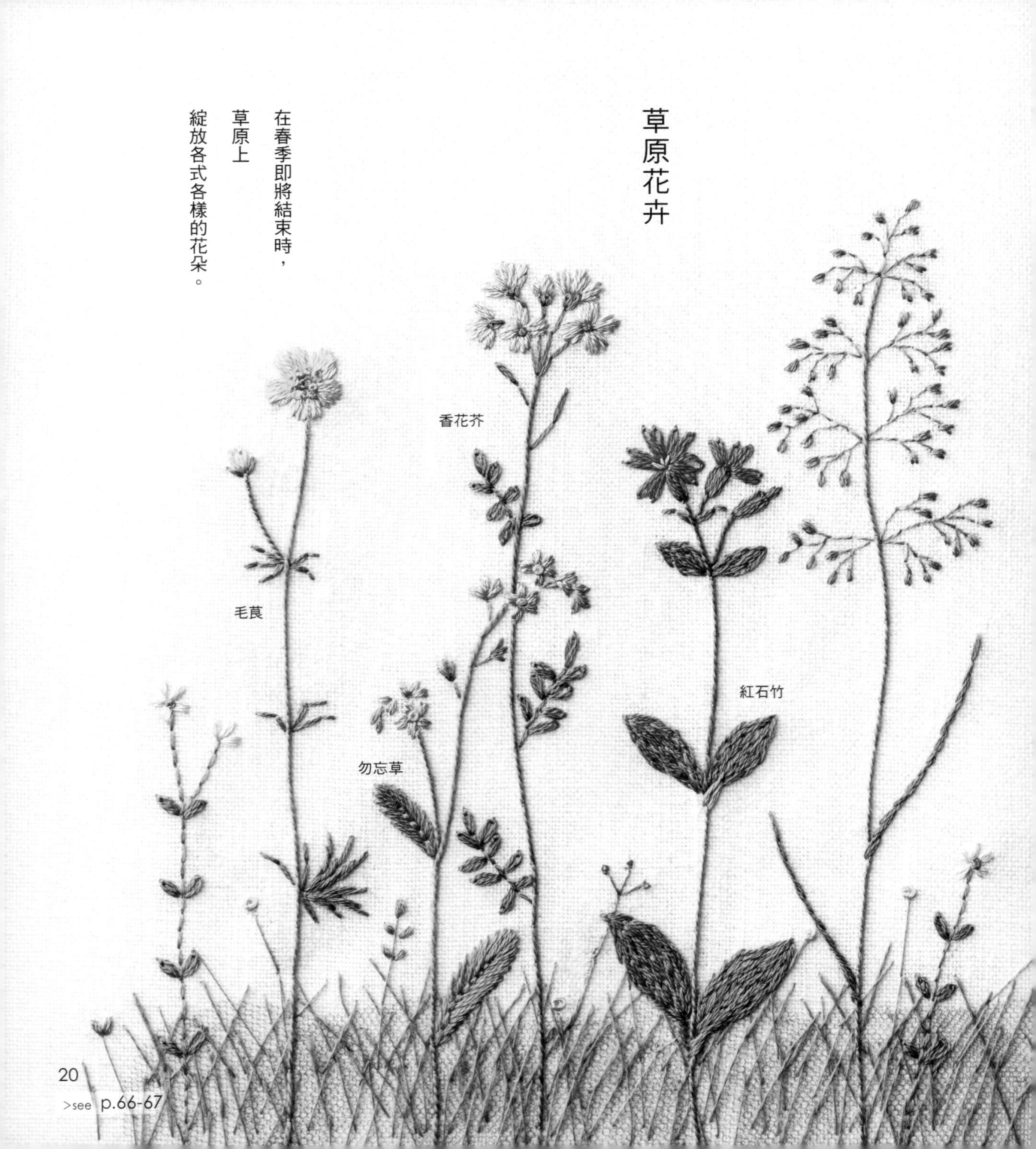
香花芥
毛茛
紅石竹
勿忘草


>see p.66-67

路邊青
彩鐘花
野胡蘿蔔

# 夏至時

夏至時分立起的
仲夏柱上，
裝飾著
白樺小樹枝、
以及
草原野花打造的花圈。

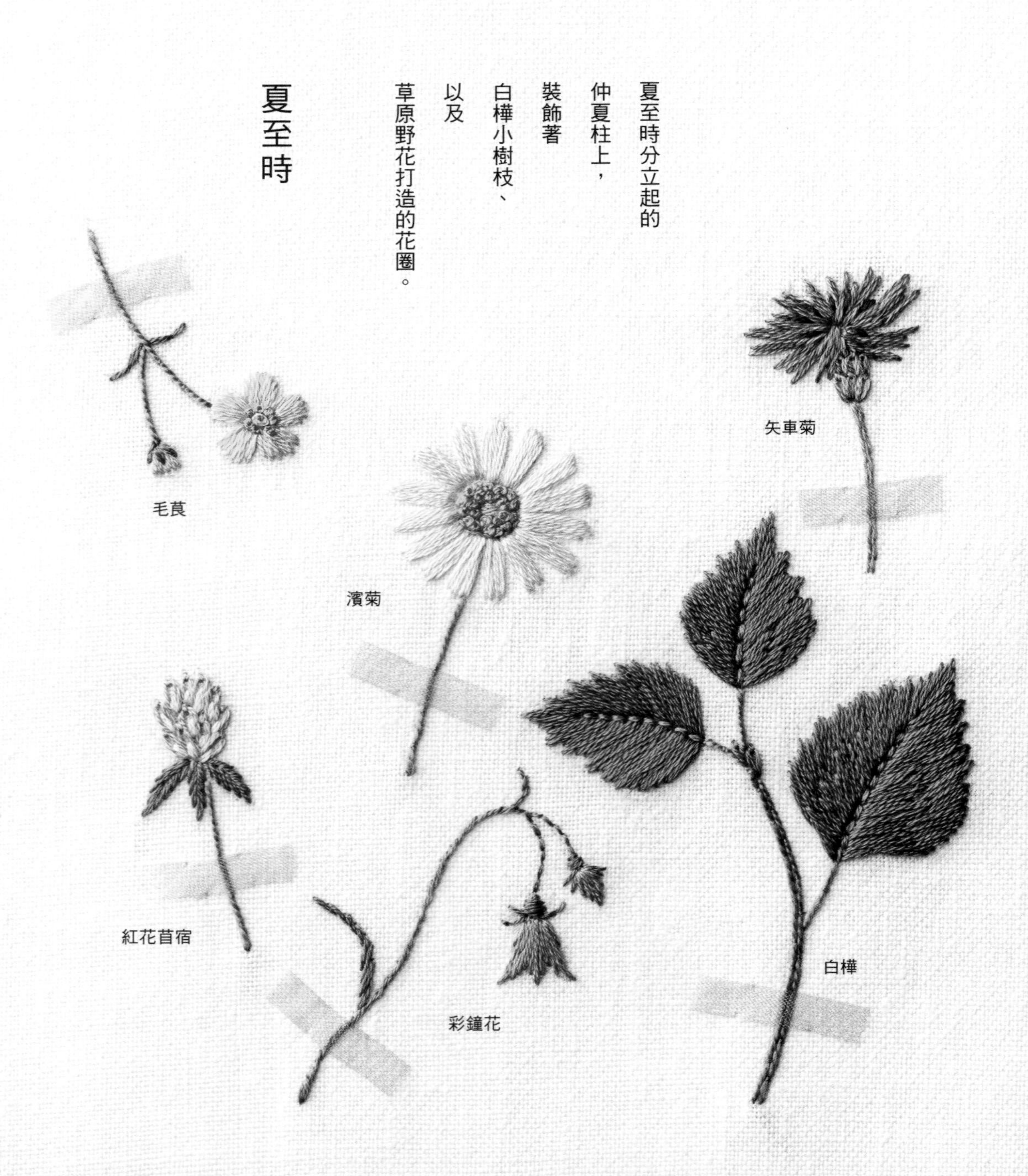

矢車菊
毛茛
濱菊
紅花苜宿
彩鐘花
白樺




>see p.68-69

# 亞麻田

>see p.70-71

亞麻田
被稱為Linnet。
最喜歡
亞麻果實的鳥類
也會飛來喔！

# 森林水果

夏季收成的莓果類，
經常會作為保存食品，
將夏季香氣
帶到冬季的餐桌上。

北歐有所謂的
Allemansrätten
「自然享用權」
能夠與大家共享自然恩惠，
真好呢！



>see p.72-73

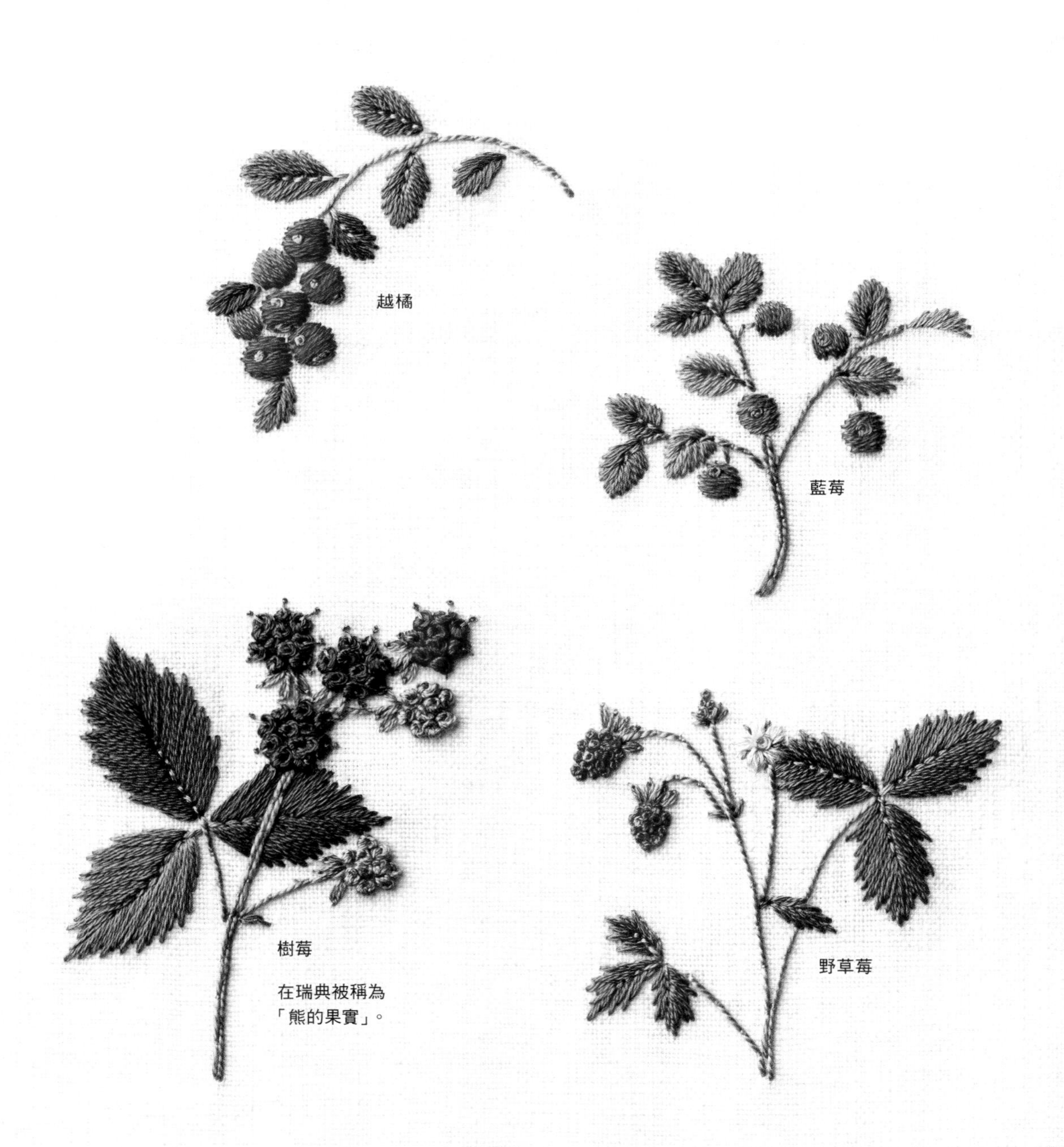
越橘
藍莓
樹莓
在瑞典被稱為
「熊的果實」。
野草莓

# 秋季草原

野草種子與果實，
是鳥類的美食。
秋季
草原上的鳥類
熱鬧紛紛！

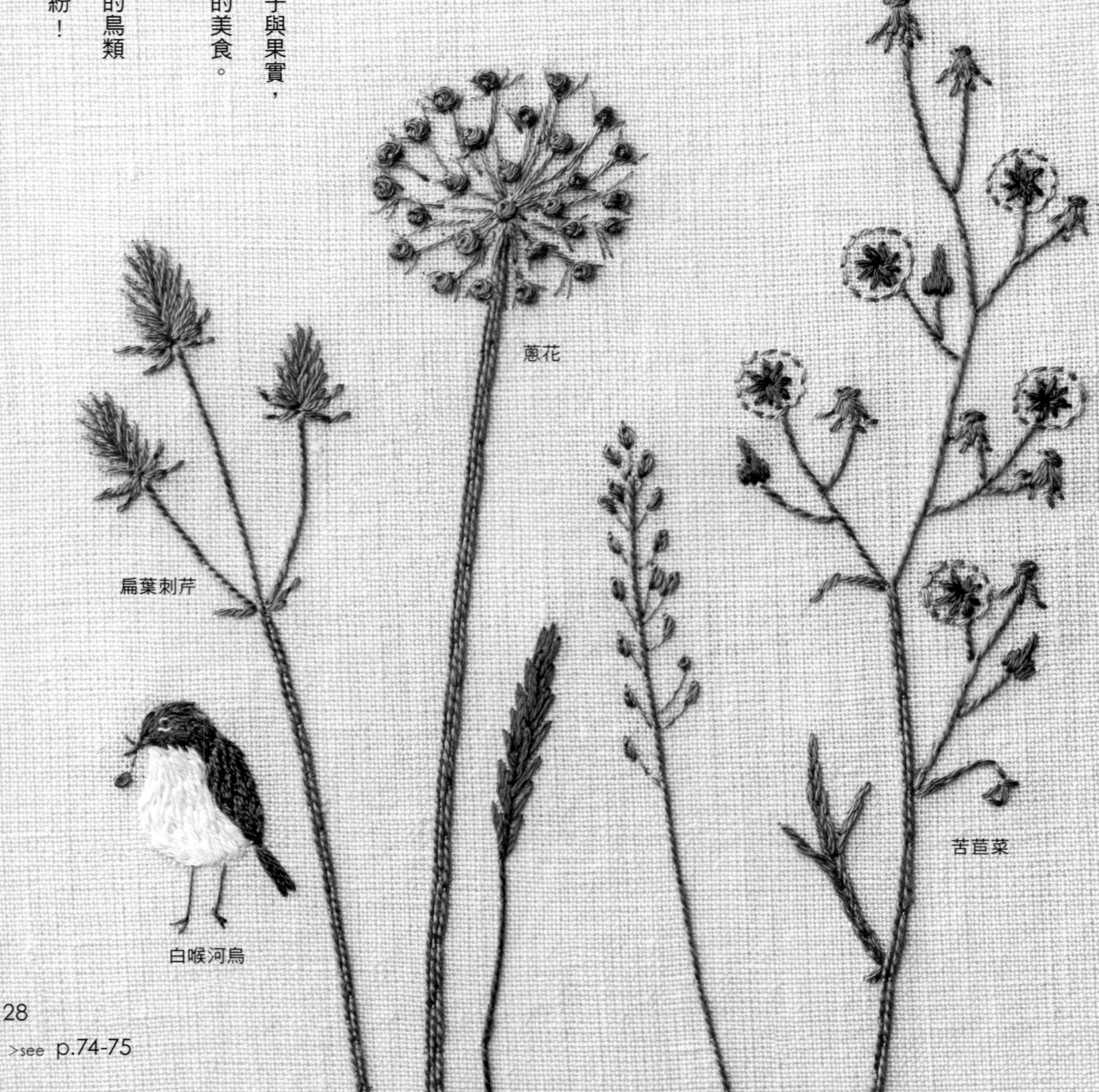

蔥花
扁葉刺芹
苦苣菜
白喉河烏




>see p.74-75

田鶇
蒔蘿
老鸛草
日本歌鴝

# 秋季森林

雞油菇

毒蠅傘

雖然有許多菇類都能夠食用，

但若能找到

雞油菇Kantarell

最令人雀躍不已！

鹿花菌



>see p.76-77

聖誕節

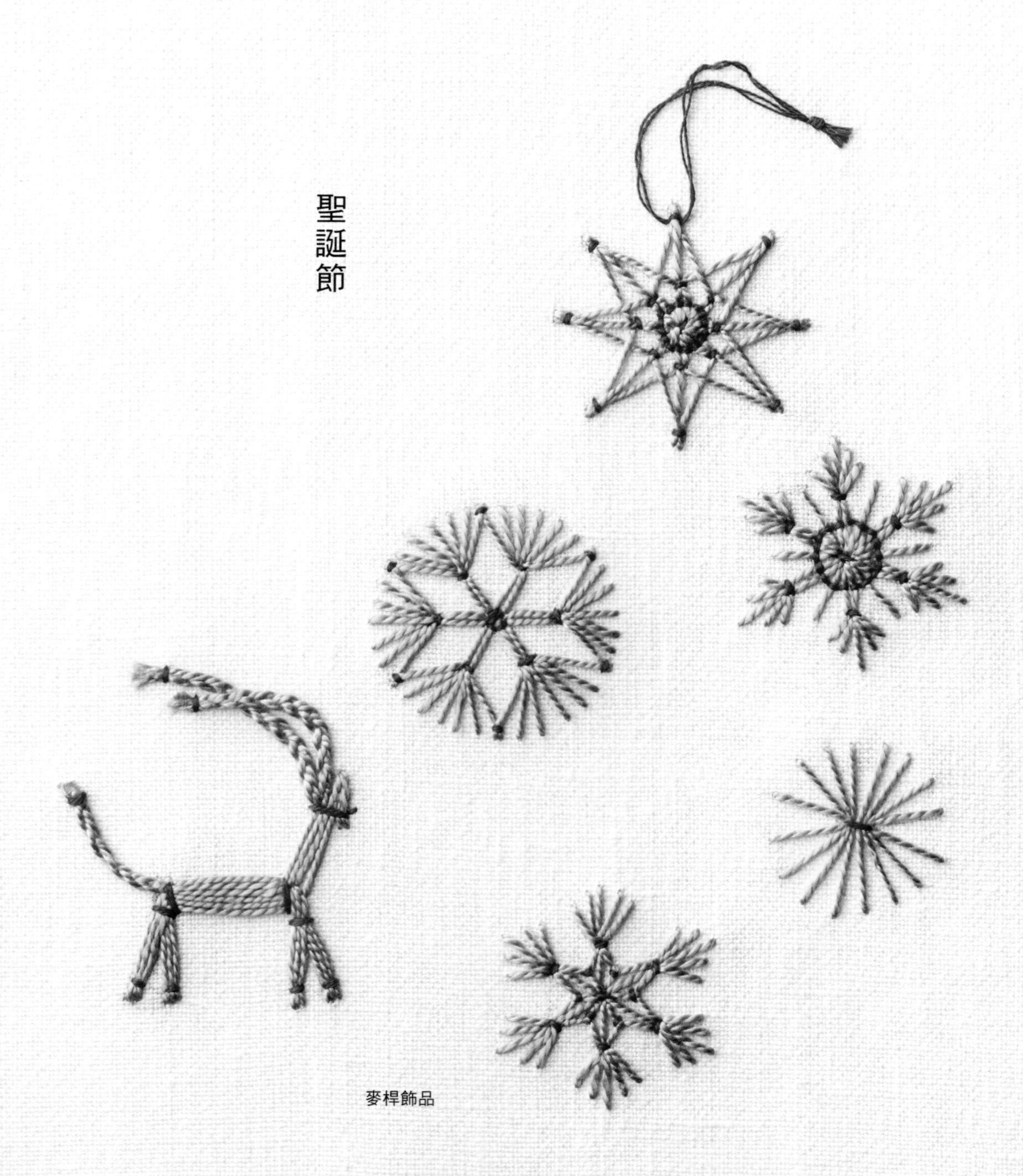

麥桿飾品



>see p.78-79

夜晚漫漫的季節裡，
每個家庭的窗邊，
都點亮了蠟燭，
流瀉出溫暖的光線。

冬季天空

晴朗的日子裡，
鑽石塵
閃爍飛舞。



>see p.80-81

# Skandinavisk design

## Scandinavian design

green
DELSBOSÖM

blue
150

# Fräglära
# 色彩課程

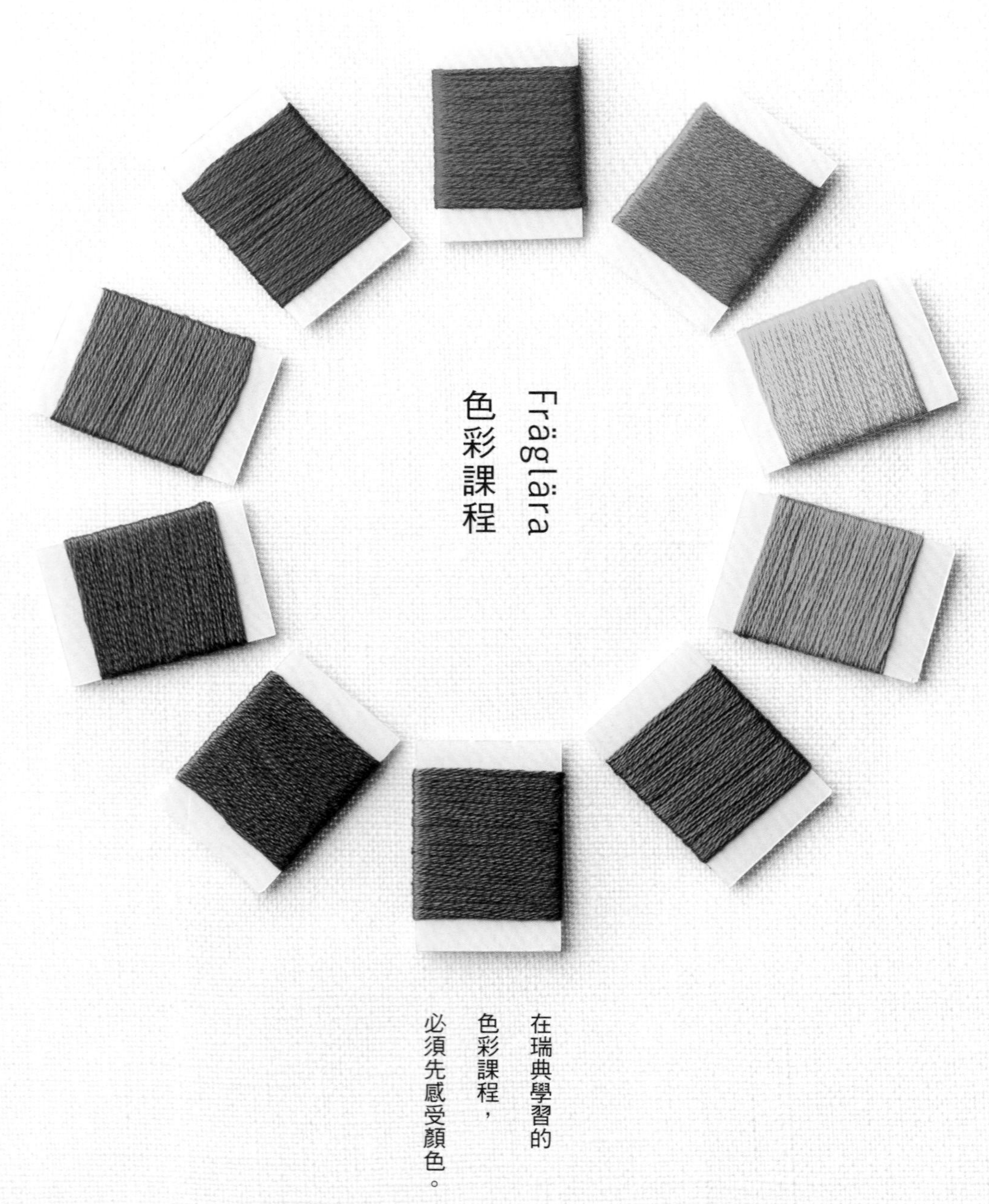

在瑞典學習的
色彩課程，
必須先感受顏色。



>see p.82-83

以與黑白相同的條紋依照顏色進行配色。

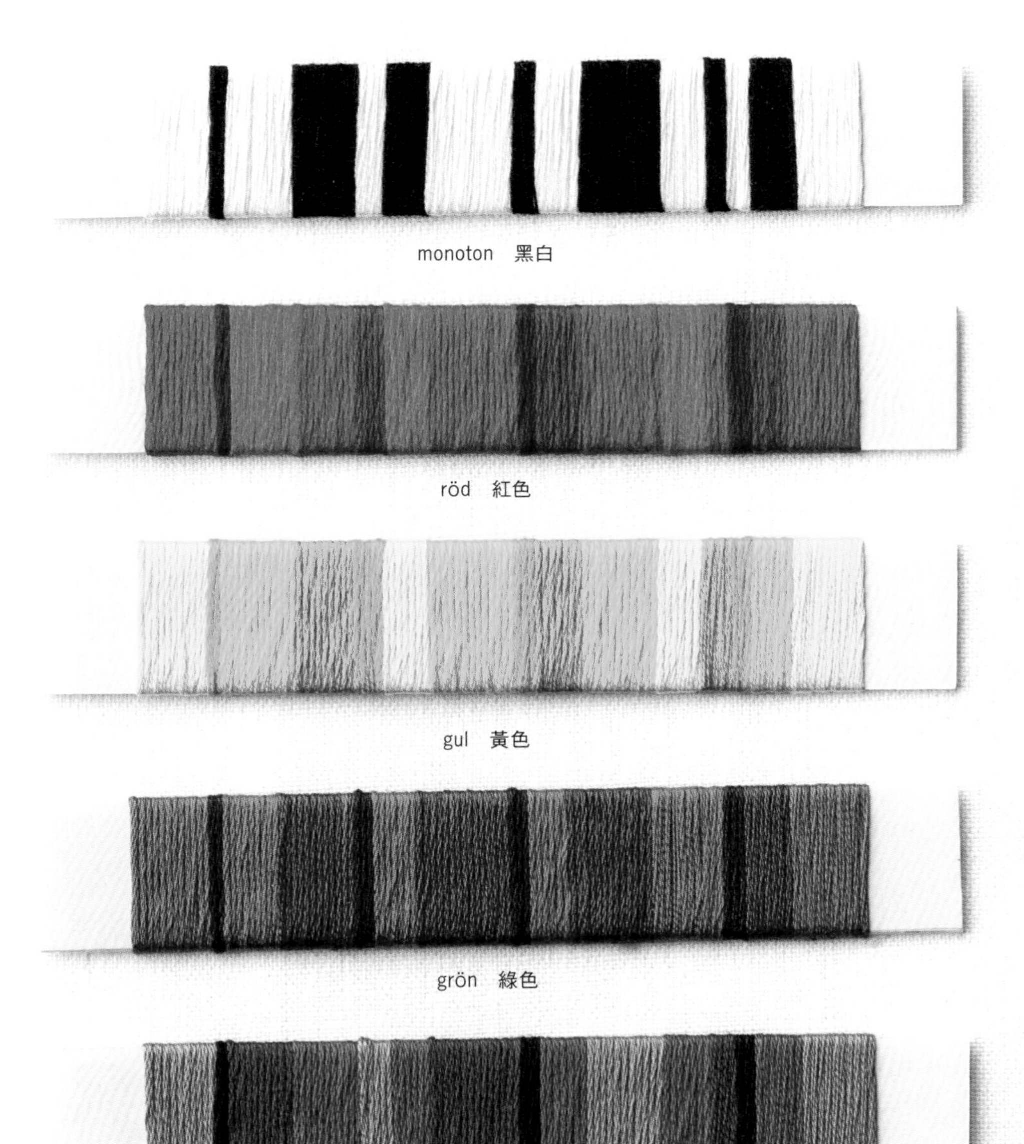

monoton　黑白

röd　紅色

gul　黃色

grön　綠色

blå　藍色

# Fräglära
## röd
## 紅色

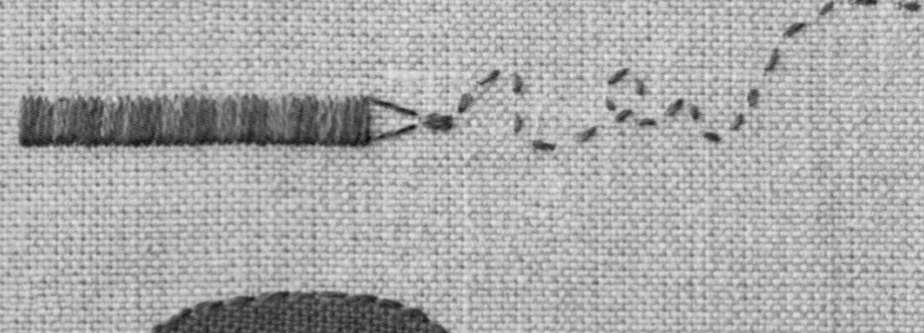

各式紅色的圖樣。



>see p.84-85

Delsbosöm
是以版型設計的
傳統紅色刺繡。

# Fräglära
## gul
## 黃色

Citronfjäril

鉤粉蝶

>see p.86-87

色調及明亮度略有不同的黃色。

## Fräglära grön

## 綠色

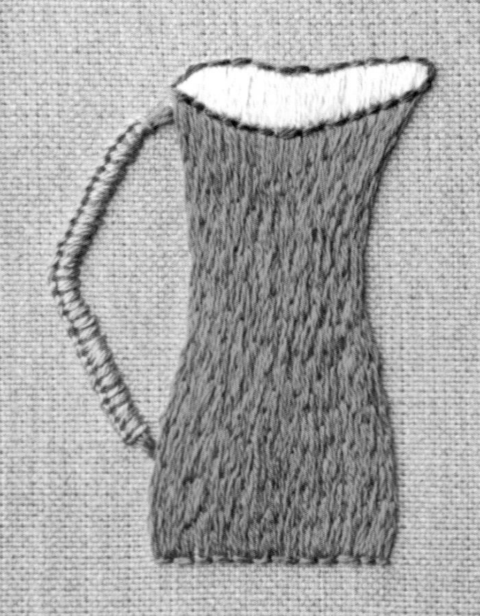

毛氈拖鞋



>see p.88-89

直接使用綠色條紋配色。

Fräglära
blå
藍色

>see p.90-91

1807

雖然是２００年以前的設計，
但這活用藍色底的配色，
如今仍給人新鮮感。

# Hur man gör

How to make

KLIPPANS
LINGARN

# 刺繡相關事宜

＊關於線

本書作品主要使用DMC的繡線。5號繡線及麻繡線使用1股刺繡。25號繡線通常都是6條線纏繞在一起，請先剪斷為使用長度（50～60cm使用起來較為方便）後抽出1股，再看指定使用幾條線進行刺繡（本書中若未指定便是使用3線）。

將2色以上的線一起穿針後，再用來刺繡稱為「混色」。顏色混在一起之後會增加深度，效果很好。

本書作品中的釘線繡為了避免比下面壓的線還顯眼，若無特別指定，25號1～3線及5號線都使用同色25號1股進行壓線。麻線可以使用類似顏色的25號線1股壓線。

＊關於針

繡線與針的關係非常重要。請配合線的粗細選擇用針。針尖務必銳利。

5號繡線1股線…法國繡針No3～4
25號繡線2～3股線…法國繡針No.7
25號繡線1股…較細的縫衣針
麻繡線1股…法國繡針No.7

＊關於布料

本書中作品使用100%麻的布料。繡框為文化繡框1號（30×26cm），繡在35×30cm布料的正中央。

用來刺繡的布料背面，務必請貼上單面襯（厚度為中厚）。這樣布料才會失去延展性、背面的線也不會突顯在正面，完成品會更好看。

＊關於圖案

圖案為原尺寸。請先以描圖紙描下圖案。將水消粉土紙（建議使用灰色）及描好圖案的描圖紙、玻璃紙放在布料上，以手工藝用鐵筆將圖案描到布料上。

＊關於繡框

刺繡的時候使用繡框固定布料，能夠繡得更漂亮。小物使用圓框、大作品則配合尺寸使用文化刺繡用的方框。

＊我的訣竅　刺繡時注意

・我在刺繡時，會如同上述方式，將圖案描繪至布料上。有些布料無法將圖案畫得很細，因此會使用加熱後墨水即消失的筆補畫。確實將圖案畫在布料上，是繡得漂亮的訣竅之一。
完成之後先稍微噴點水，去除粉土紙的線條痕跡，之後再從布料背面熨燙、或以吹風機加熱，去除熱消筆的線條。

・刺繡時有些小順序。若是植物，就依序繡莖→葉→花。葉片中的葉脈最後才繡，能讓針法浮在最上層、看得比較清楚。

・葉片及花朵由內向外繡，比較容易決定方向。

・圖案及刺繡頁面已盡可能作得清晰一些，但還是建議大家在刺繡前可以看看實際上的東西、找圖鑑等書籍中的照片，或搜尋網路上的照片參考。能夠了解整體物品的印象，在刺繡的時候也會較好表現、知道如何下針。

・植物及鳥類等不同種類有各自特徵，並非相同形狀。也可以增加花朵、或者讓鳥胖一些等，請享受自己修改的樂趣。

# 刺繡針法

## 平針繡

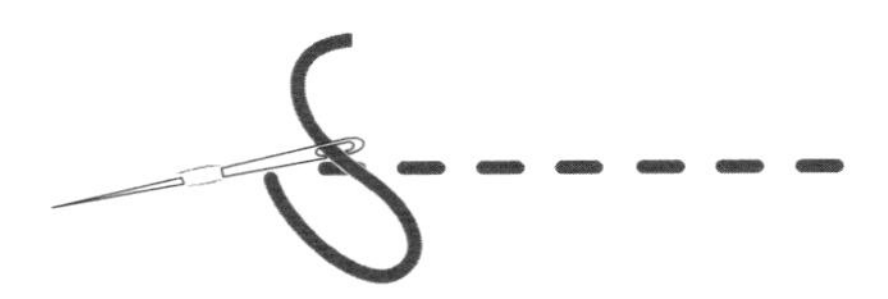

若希望能繡上東西又不想要太過顯眼時，則用此種針法。

## 回針繡

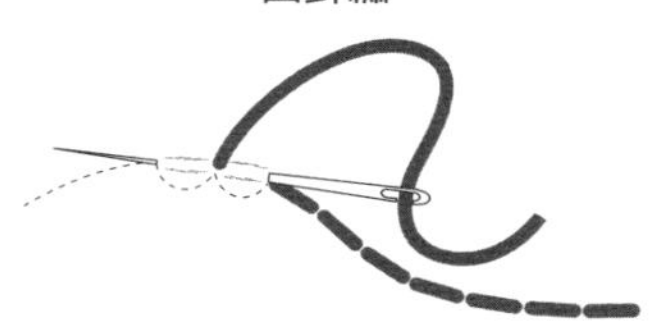

能夠繡出非常俐落的線條。若要繡曲線處就縮小針距。使用在葉柄或者根的尾端等處。

## 輪廓繡

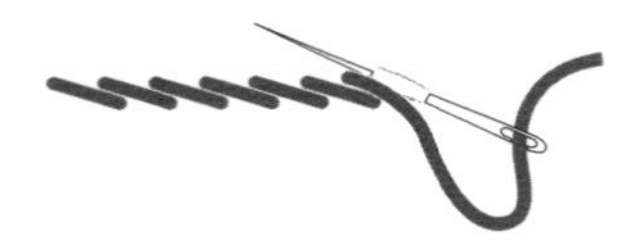

繡完之後，即具備分量感及圖樣感。排列在一起也可以用來繡一整面。使用在莖及根處。

## 釘線繡

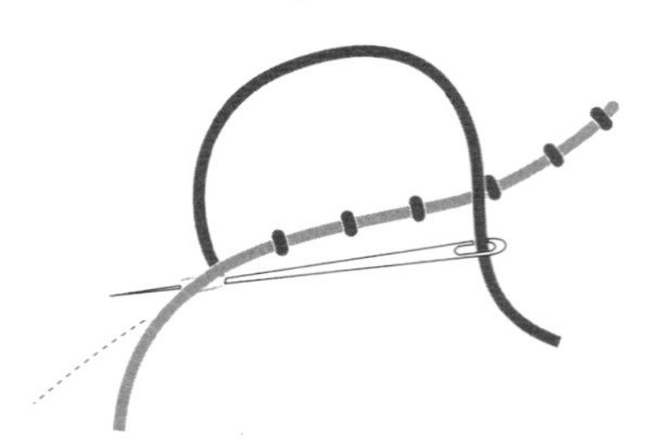

此針法能夠自由描繪線條，因此也能繡出精細的文字。莖使用 5 號線比較強而有力。壓線用的線收細一點就會很漂亮。

## 直線繡

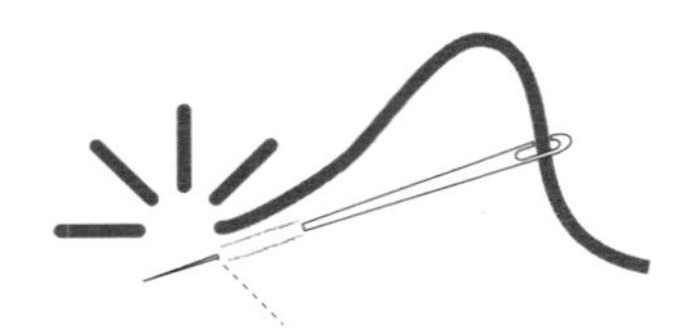

非常簡單的針法，運用不同用法，能讓圖案活起來。使用在細小的花瓣或植物細節上。

## 裂線繡

通常會並排在一起用來繡一個面。就算繡葉片等寬廣面積也不會覺得沉重。針距拉長些就能繡得很平。

## 緞面繡

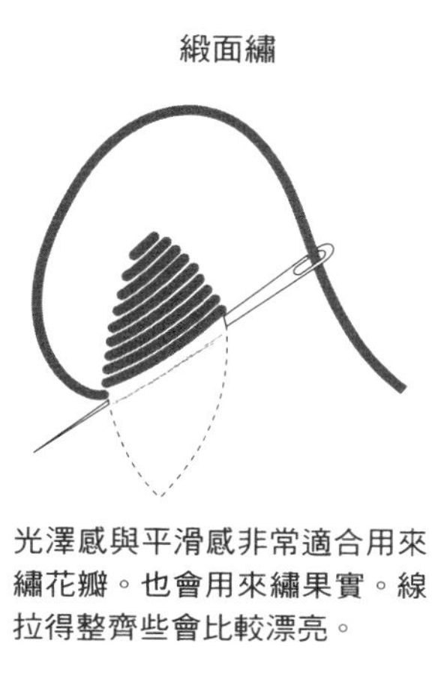

光澤感與平滑感非常適合用來繡花瓣。也會用來繡果實。線拉得整齊些會比較漂亮。

## 長短針繡

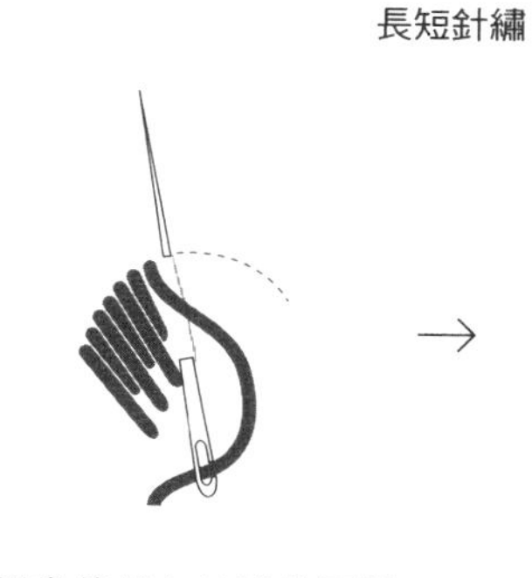

經常使用在較寬的面積上。一定要由圖案外側出針、向圖案中心下針。

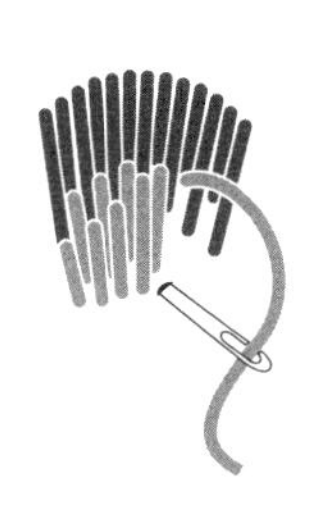

繡兩段時，從第一段的線頭之間出針，繡的時候請勿留下空隙。

## 法國結粒繡
（纏繞兩次）

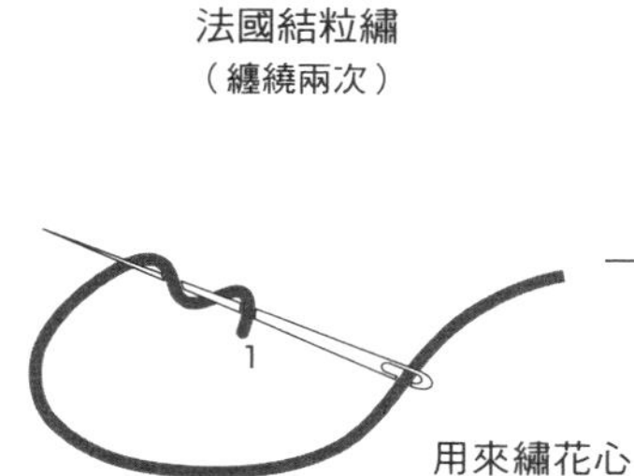
1

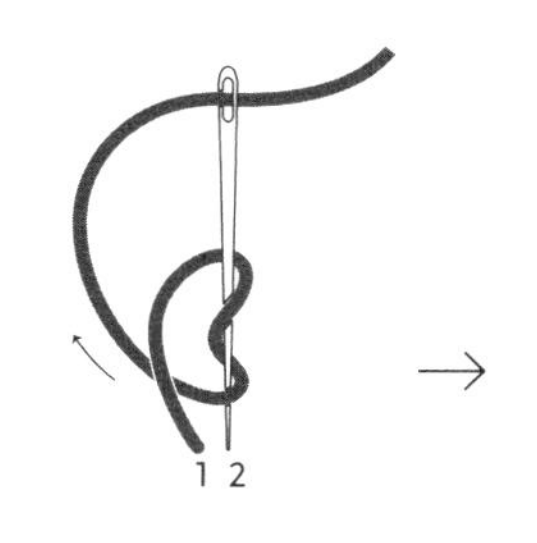
1 2

用來繡花心、小小的花苞或種子等。改變拉線的方式就可以讓結呈現堅固或者蓬鬆的不同樣貌。本書中沒有指定的時候都是繞兩圈。

## 鎖鍊繡

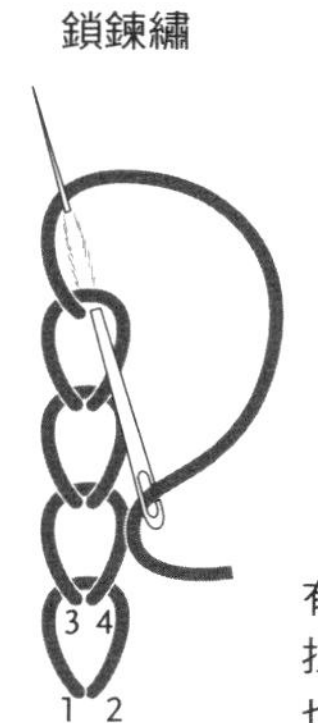
3 4
1 2

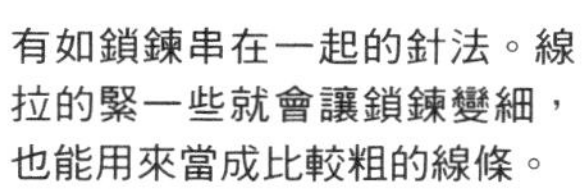

有如鎖鍊串在一起的針法。線拉的緊一些就會讓鎖鍊變細，也能用來當成比較粗的線條。

## 飛行繡

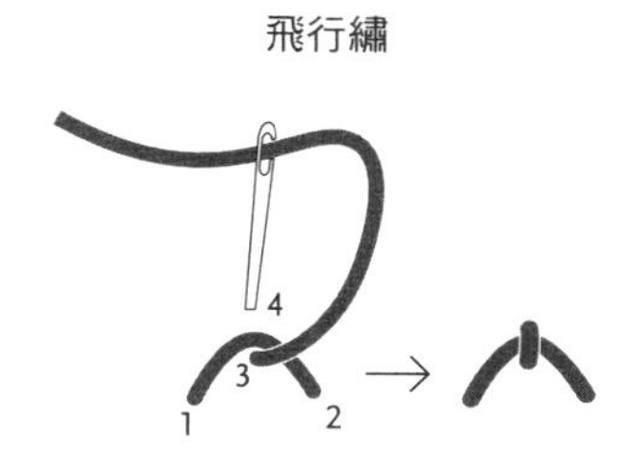
4
3
1
2

根據壓線長度可以作出不同表現。

雛菊繡

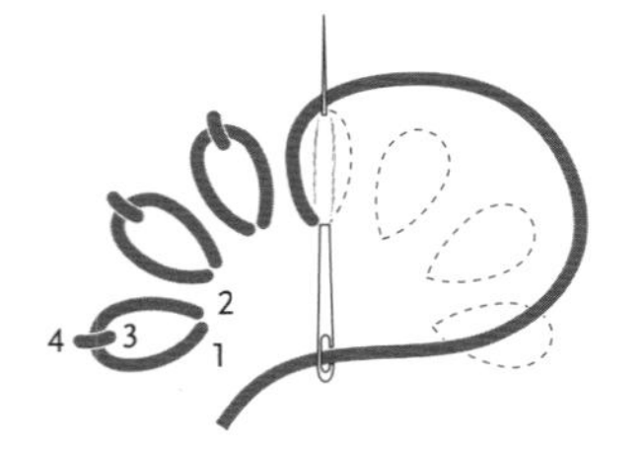
2
4
3
1

〈變化形〉

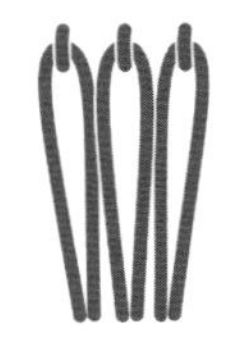

用來繡小小的花瓣。填補當中空間，可以搭配直線繡或者緞面繡。
可以繡長一些、或者拉緊一些調整形狀。

毛邊繡

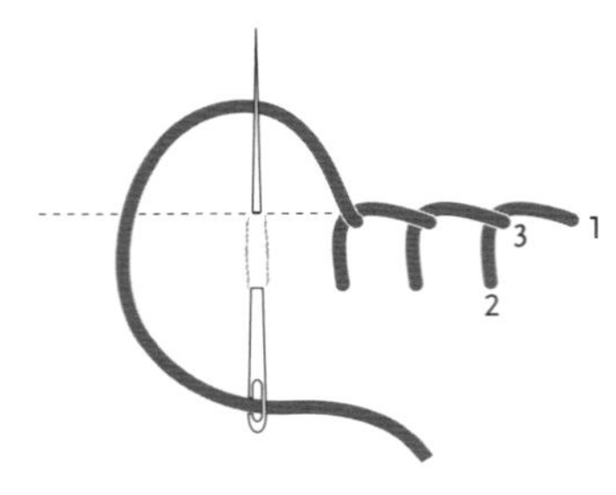
3
1
2

經常運用在貼布片或者邊緣的針法。可以配合圖案調整間隔或針腳長度。又稱為釦眼繡。

〈變化形〉

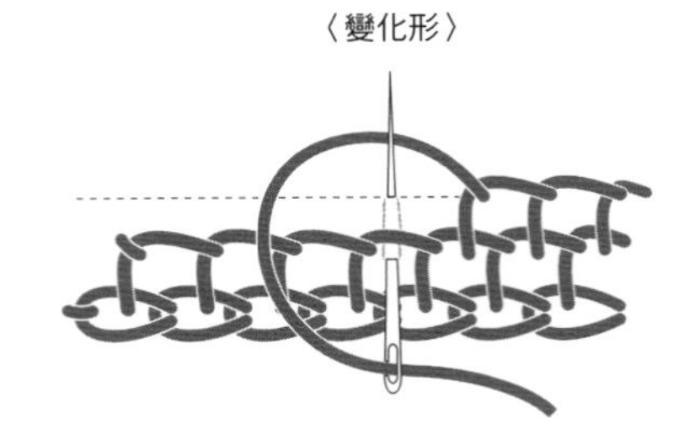

繡好一列鎖鍊繡以後，從鎖鍊中間下針挑起布料，再繡毛邊繡。下一層則錯開半格刺繡。

page 74 - 75 鳥眼的刺繡方式

繡好法國結粒繡之後，以1股線的雛菊繡在周遭繡出白色細線。兩種繡法的線頭收在眼頭或眼角、以及雛菊繡（刺繡順序1、2）的間隔都會改變鳥的表情。

# 亞麻草圖案杯 （封底作品）

〔材 料〕DMC繡線25號＝989, 320, 554, 3727, 646, 3347　5號＝3347

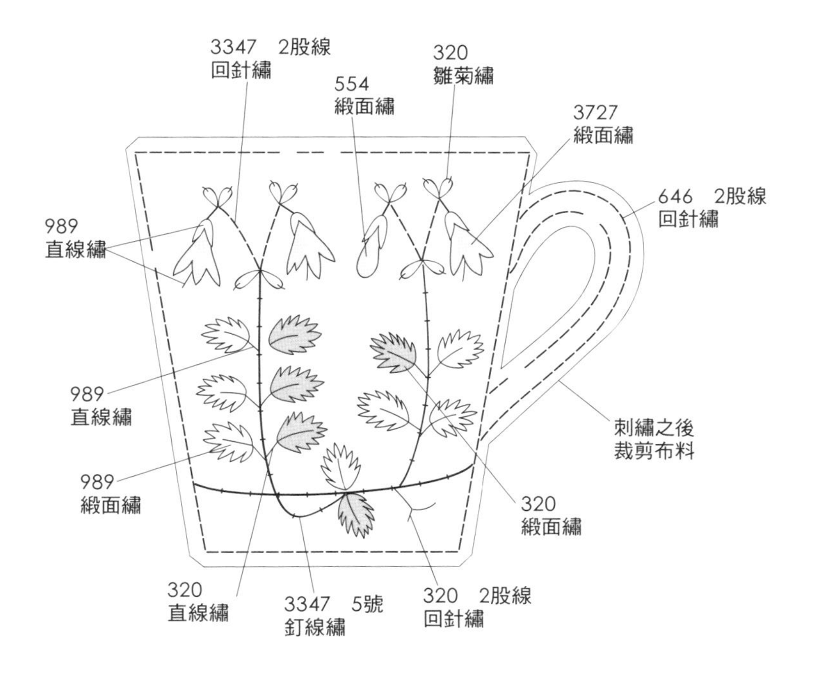

3347　2股線
回針繡
554
緞面繡
320
雛菊繡
3727
緞面繡
646　2股線
回針繡
989
直線繡
989
直線繡
989
緞面繡
刺繡之後
裁剪布料
320
緞面繡
320
直線繡
3347　5號
釘線繡
320　2股線
回針繡

# 早上與下午的喝茶時間　page 6-7

〔材 料〕DMC繡線25號＝988, 704, 935, 646, 645

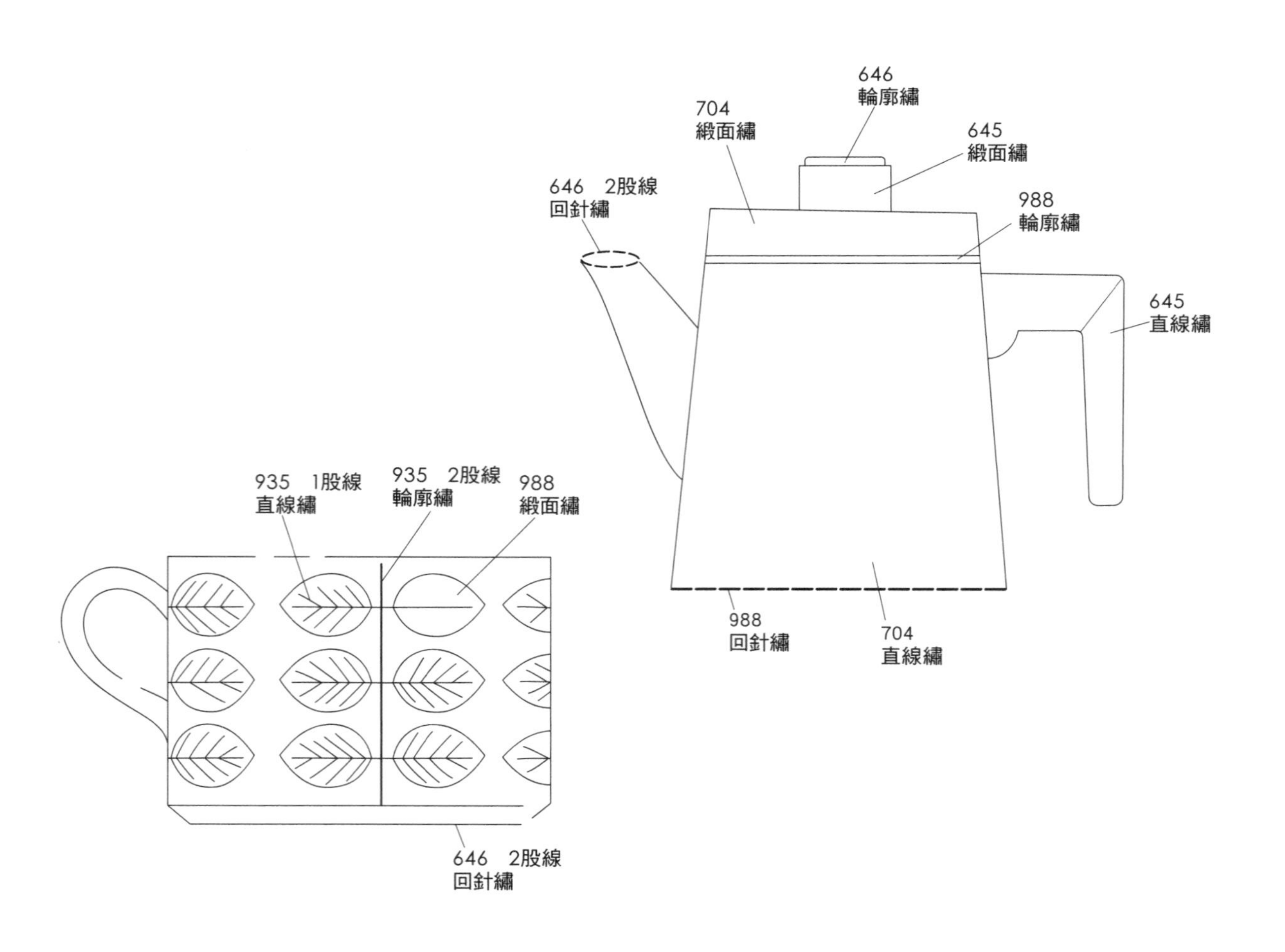

646
輪廓繡
704
緞面繡
645
緞面繡
646　2股線
回針繡
988
輪廓繡
645
直線繡
988
回針繡
704
直線繡
935　1股線
直線繡
935　2股線
輪廓繡
988
緞面繡
646　2股線
回針繡

〔材 料〕DMC繡線25號＝ECRU, 738, 436, 435, 434, 801, 938, 907, 3347, 3821　5號＝989
麻線（中細）=自然色或AFE麻繡線＝L902

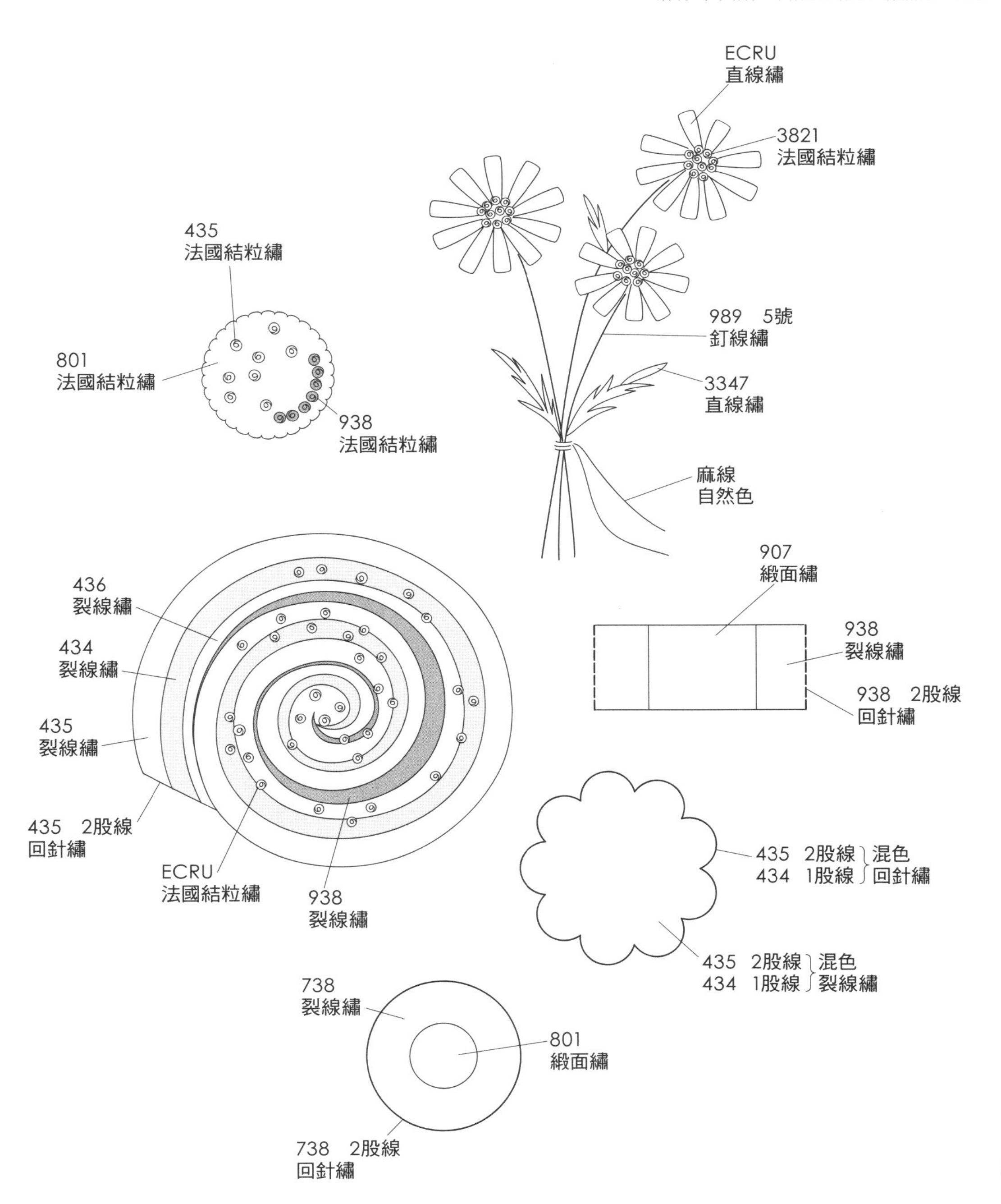

ECRU
直線繡
3821
法國結粒繡
435
法國結粒繡
801
法國結粒繡
938
法國結粒繡
989　5號
釘線繡
3347
直線繡
麻線
自然色
907
緞面繡
938
裂線繡
938　2股線
回針繡
436
裂線繡
434
裂線繡
435
裂線繡
435　2股線
回針繡
ECRU
法國結粒繡
938
裂線繡
435　2股線
434　1股線
混色
回針繡
435　2股線
434　1股線
混色
裂線繡
738
裂線繡
801
緞面繡
738　2股線
回針繡

## 鍋墊＆其他小物　page 8-9

〔材 料〕DMC繡線25號＝03，645，3045，420　AFE麻繡線＝L402, L417
其他布料＝灰色牛津布（使用雙面膠襯貼上灰色牛津布）

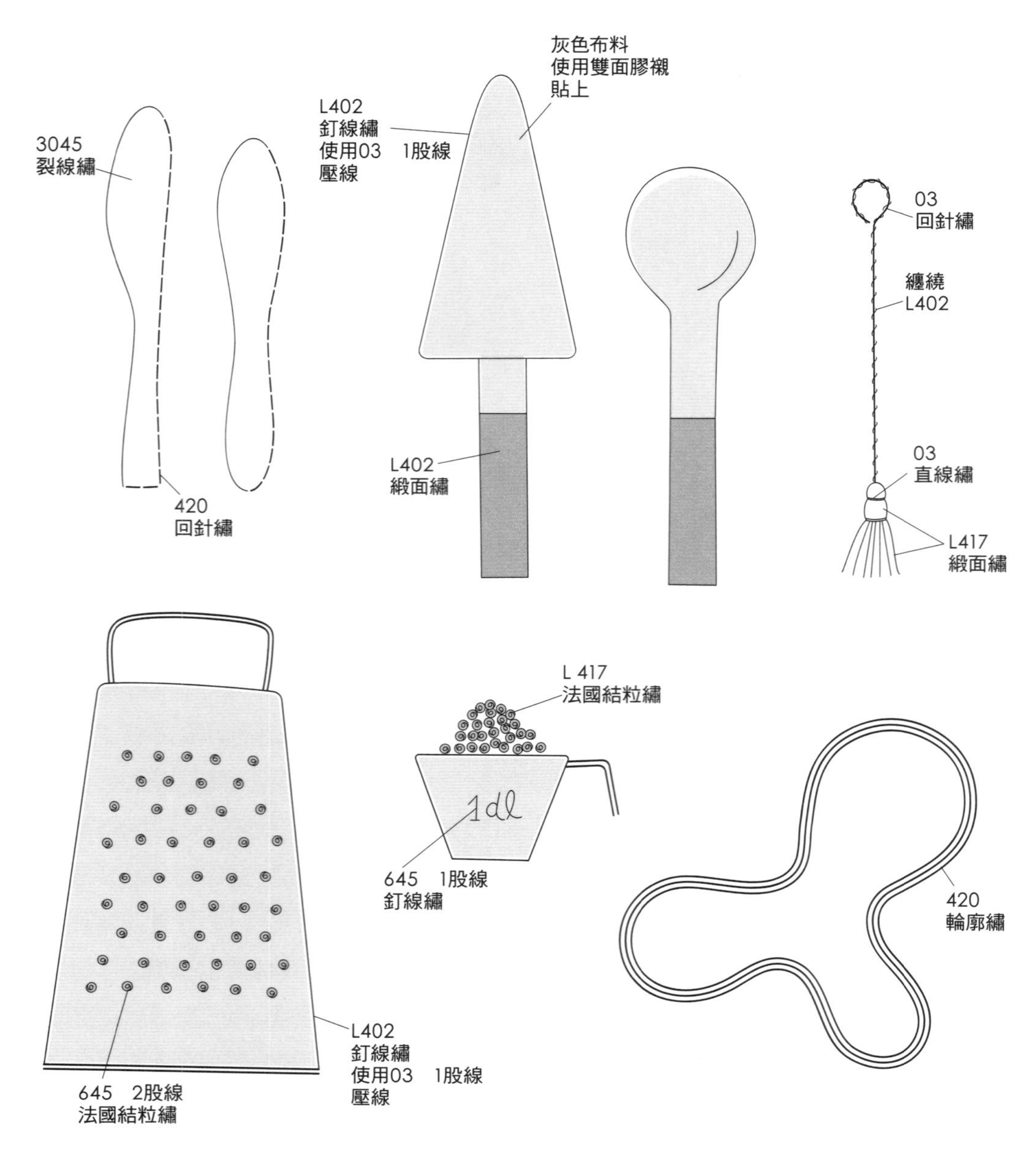

3045
裂線繡
420
回針繡
L402
釘線繡
使用03　1股線
壓線
灰色布料
使用雙面膠襯
貼上
L402
緞面繡
03
回針繡
纏繞
L402
03
直線繡
L417
緞面繡
L 417
法國結粒繡
1dl
645　1股線
釘線繡
420
輪廓繡
L402
釘線繡
使用03　1股線
壓線
645　2股線
法國結粒繡

〔材 料〕DMC繡線25號＝03, 08, 3831, 798, 336

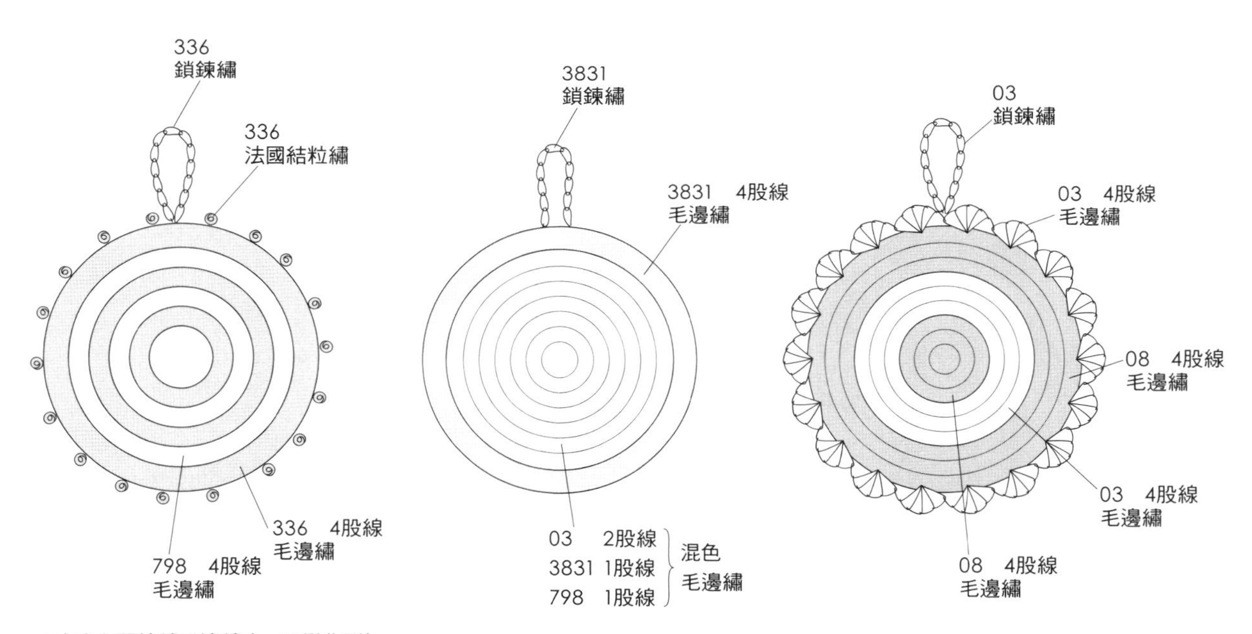

336
鎖鍊繡
336
法國結粒繡
336　4股線
毛邊繡
798　4股線
毛邊繡
3831
鎖鍊繡
3831　4股線
毛邊繡
03　2股線
3831 1股線
798　1股線
混色
毛邊繡
03
鎖鍊繡
03　4股線
毛邊繡
08　4股線
毛邊繡
03　4股線
毛邊繡
08　4股線
毛邊繡


＊由中心開始繡毛邊繡（p.52變化形）。

# KOSTA BODA的玻璃杯　page 10-11

〔材 料〕DMC繡線25號＝317

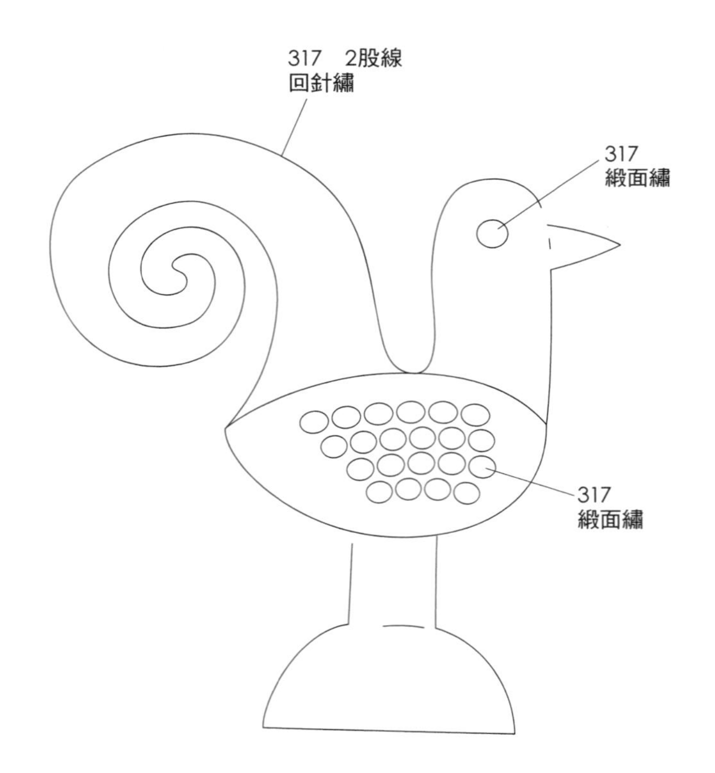
317　2股線
回針繡
317
緞面繡
317
緞面繡

〔材 料〕DMC繡線25號＝317, 17, 3838
AFE 麻繡線＝L540
麻線（中粗）＝純白或
AFE 麻繡線＝L416

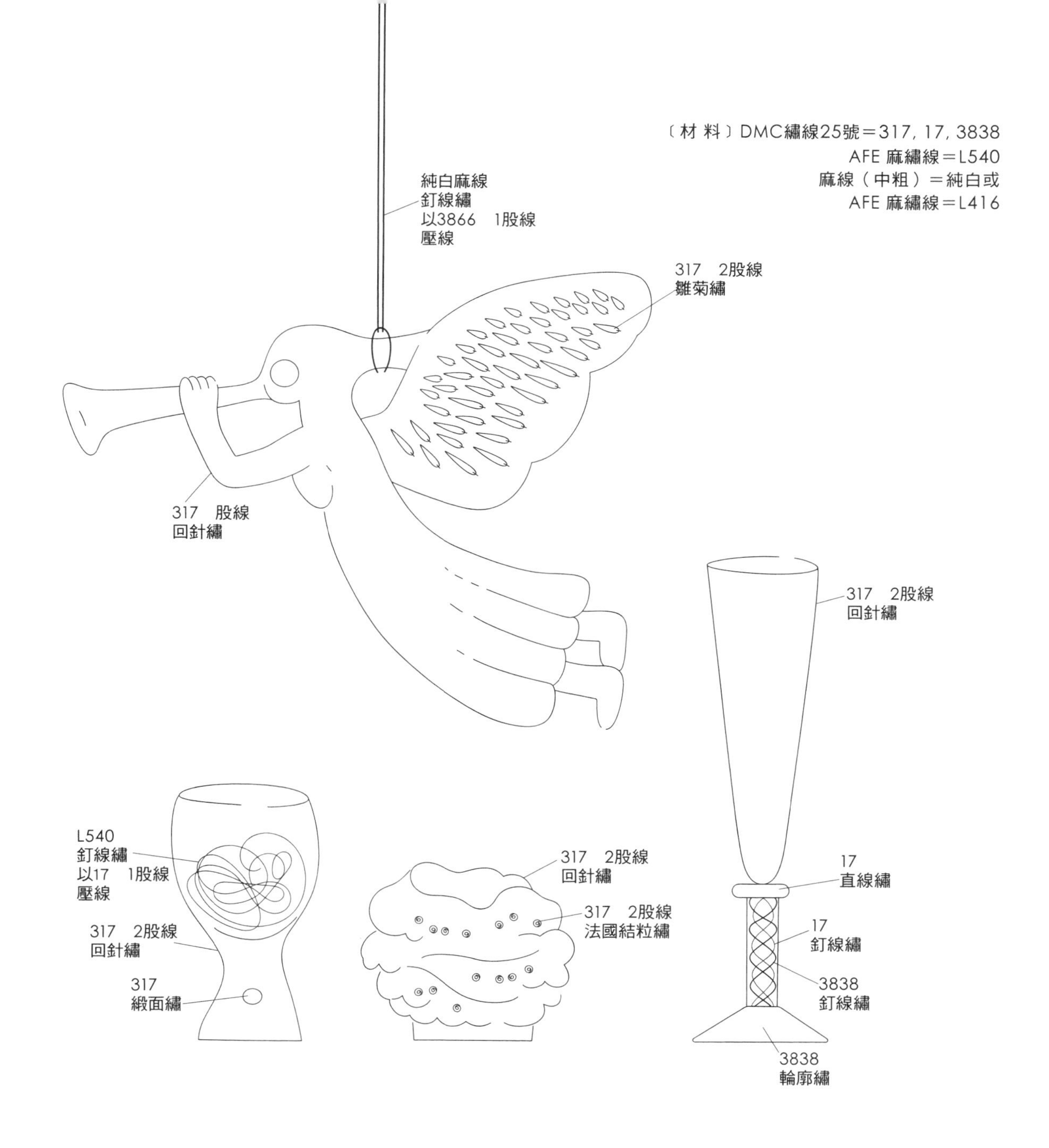
純白麻線
釘線繡
以3866 1股線
壓線
317 2股線
雛菊繡
317 股線
回針繡
317 2股線
回針繡
L540
釘線繡
以17 1股線
壓線
317 2股線
回針繡
317
緞面繡
317 2股線
回針繡
317 2股線
法國結粒繡
17
直線繡
17
釘線繡
3838
釘線繡
3838
輪廓繡

## 各式白色器皿　page 12-13

〔材料〕DMC繡線25號＝3865, 317, 704, 989, 3862

3865
回針繡
3865
回針繡
3862
裂線繡
3865
輪廓繡
317
回針繡
3865　4股線
裂線繡
3865
回針繡
3865　4股線
裂線繡
3865
回針繡
317
回針繡
3865
回針繡
3865
輪廓繡
317
回針繡
3865　4股線
裂線繡
3865
回針繡
704
直線繡
989
緞面繡
704
輪廓繡

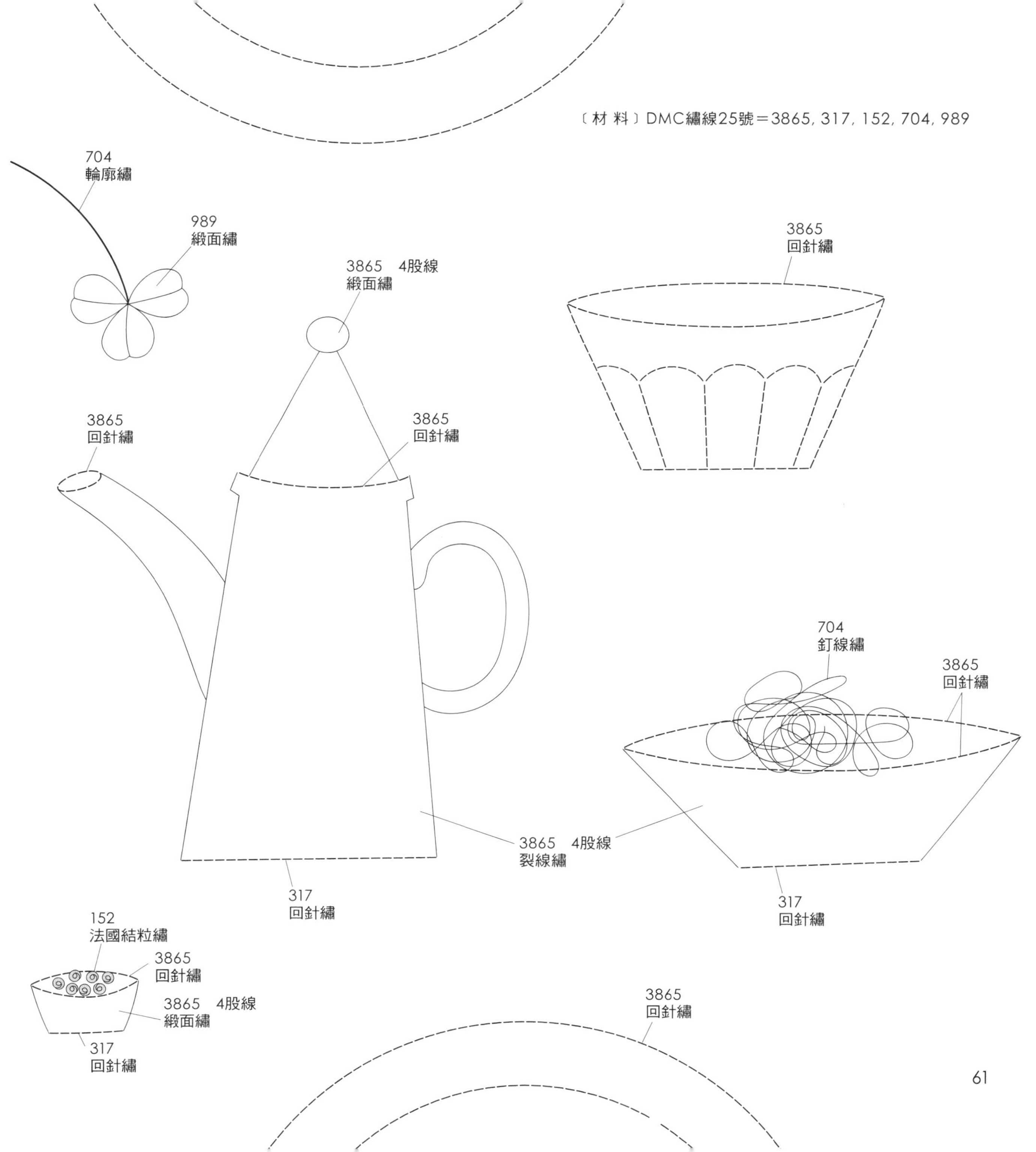
〔材 料〕DMC繡線25號＝3865, 317, 152, 704, 989
704
輪廓繡
989
緞面繡
3865　4股線
緞面繡
3865
回針繡
3865
回針繡
3865
回針繡
704
釘線繡
3865
回針繡
3865　4股線
裂線繡
317
回針繡
317
回針繡
152
法國結粒繡
3865
回針繡
3865　4股線
緞面繡
317
回針繡
3865
回針繡

## 春之森　page 16-17

〔材料〕DMC繡線25號＝471, 3347, 3363, 822, 3821, 840, 841　5號＝471, 841

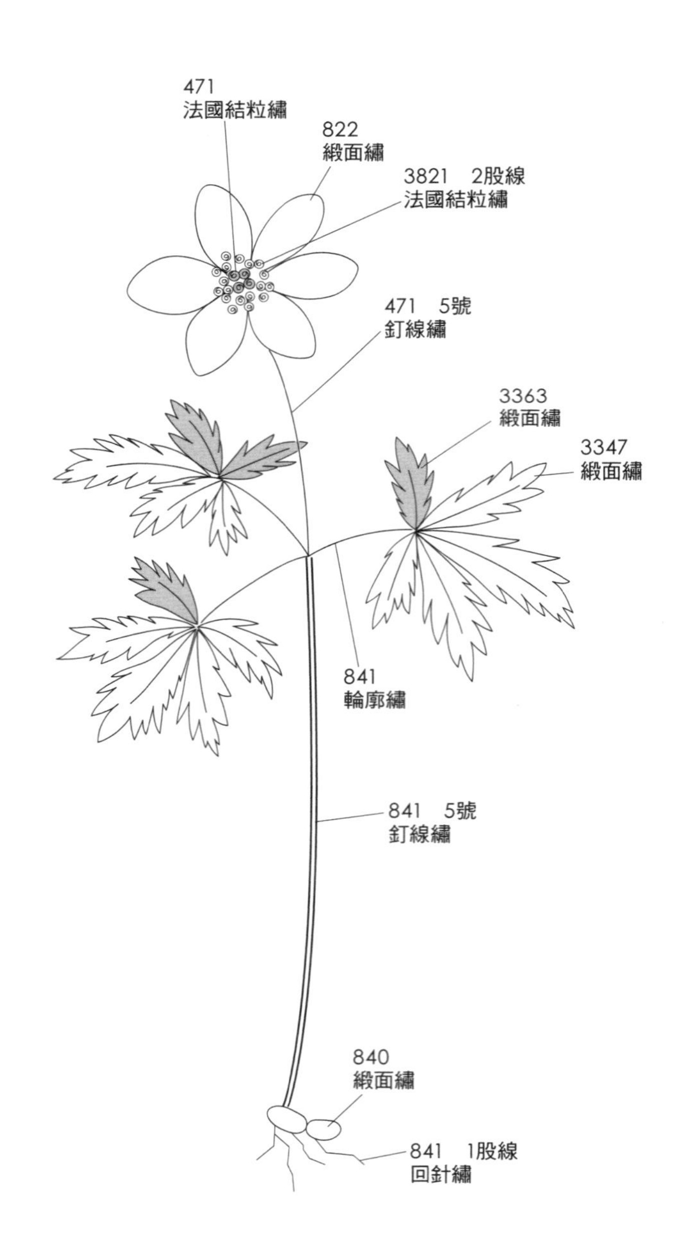
471
法國結粒繡
822
緞面繡
3821　2股線
法國結粒繡
471　5號
釘線繡
3363
緞面繡
3347
緞面繡
841
輪廓繡
841　5號
釘線繡
840
緞面繡
841　1股線
回針繡

〔材 料〕DMC繡線25號＝3865, 3866, 3347, 844, 862
其他布料＝薄網紗橄欖綠、AFE深綠

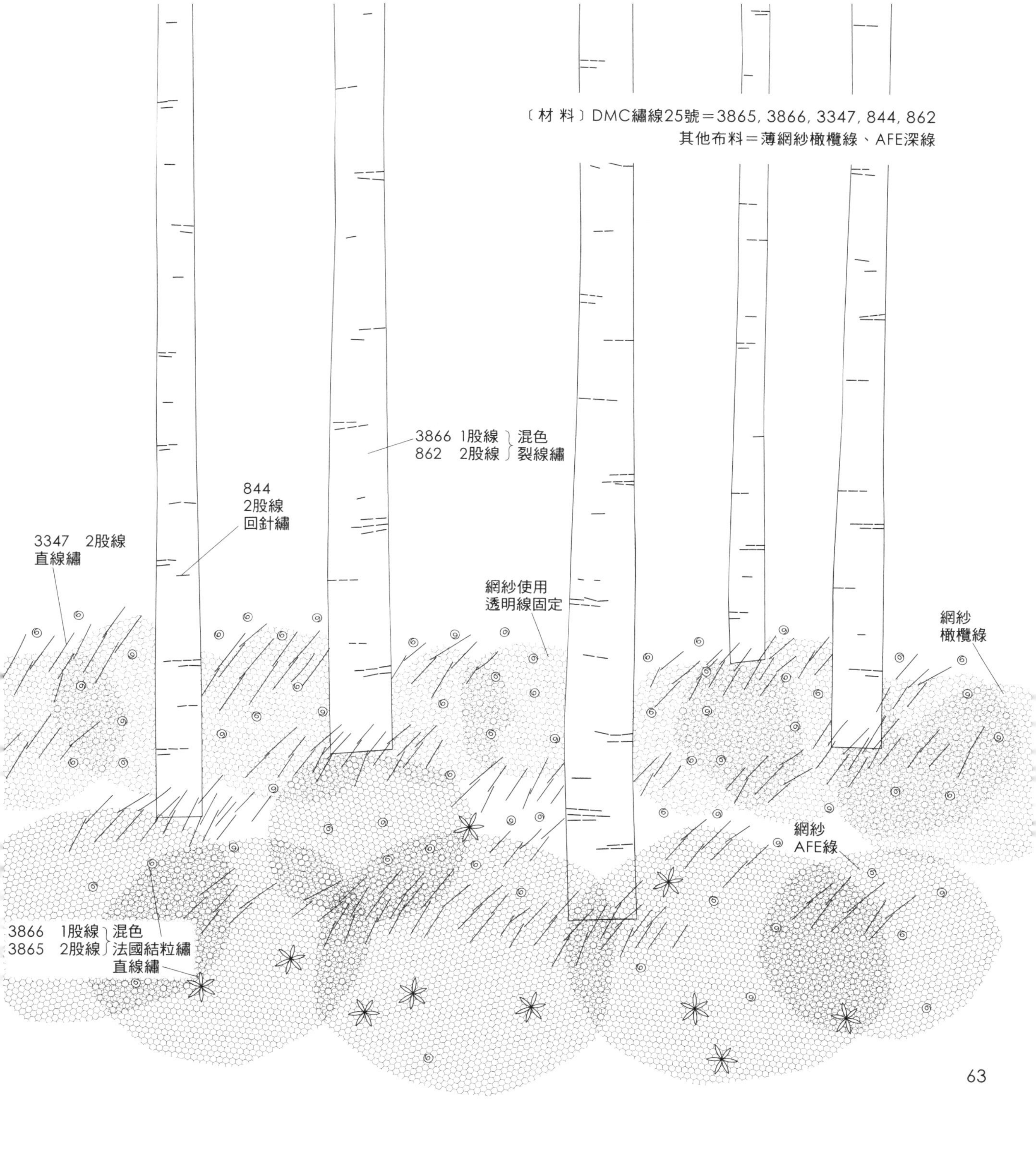
3866 1股線
862 2股線
混色
裂線繡
844
2股線
回針繡
3347 2股線
直線繡
網紗使用
透明線固定
網紗
橄欖綠
網紗
AFE綠
3866 1股線
3865 2股線
混色
法國結粒繡
直線繡

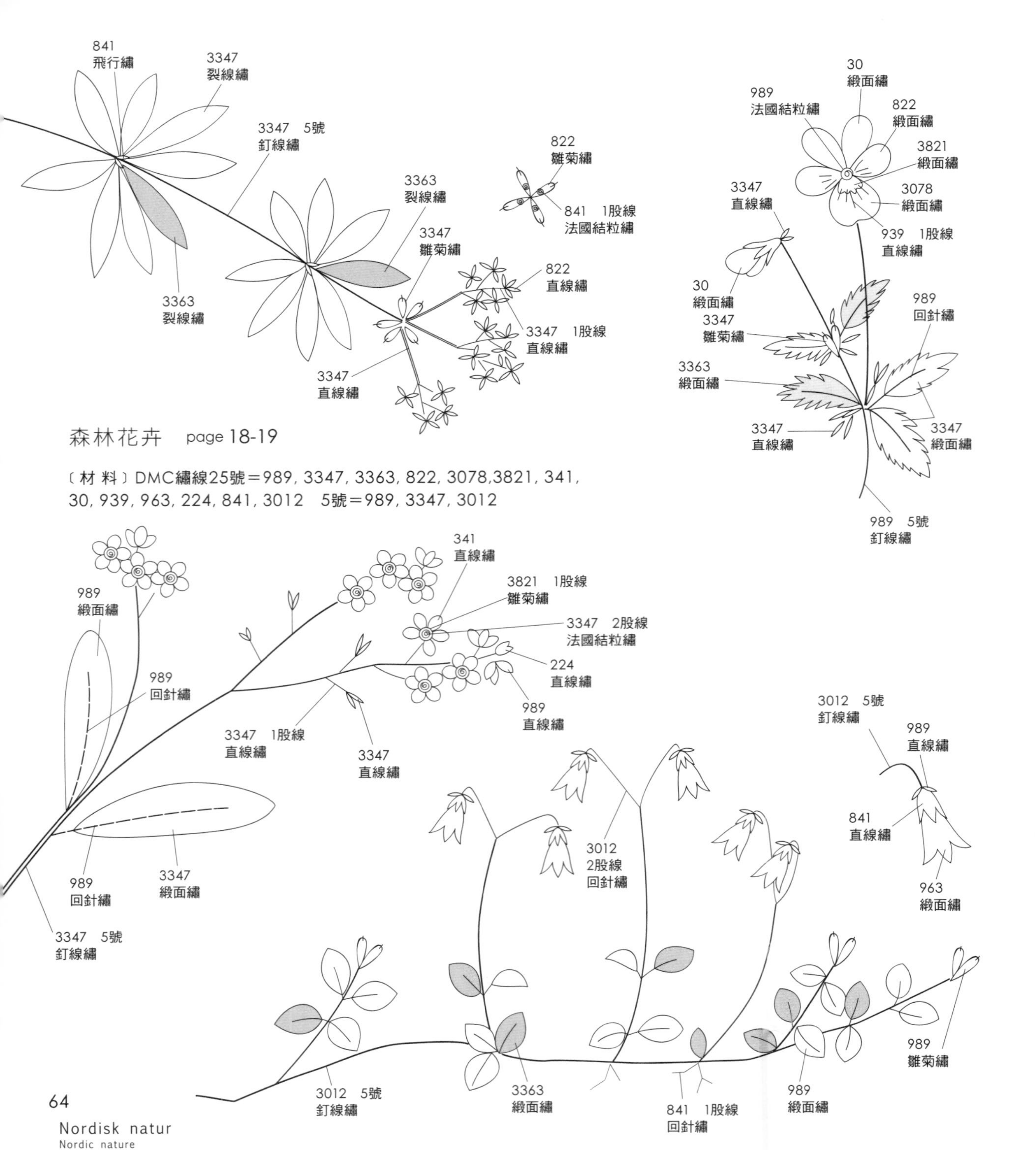
841
飛行繡
3347
裂線繡
3347 5號
釘線繡
3363
裂線繡
822
雛菊繡
841 1股線
法國結粒繡
3363
裂線繡
3347
雛菊繡
822
直線繡
3347 1股線
直線繡
3347
直線繡
30
緞面繡
989
法國結粒繡
822
緞面繡
3821
緞面繡
3347
直線繡
3078
緞面繡
939 1股線
直線繡
30
緞面繡
3347
雛菊繡
989
回針繡
3363
緞面繡
3347
直線繡
3347
緞面繡
989 5號
釘線繡
341
直線繡
3821 1股線
雛菊繡
3347 2股線
法國結粒繡
989
緞面繡
224
直線繡
989
回針繡
989
直線繡
3347 1股線
直線繡
3347
直線繡
989
回針繡
3347
緞面繡
3347 5號
釘線繡
3012 5號
釘線繡
989
直線繡
841
直線繡
3012
2股線
回針繡
963
緞面繡
989
雛菊繡
3012 5號
釘線繡
3363
緞面繡
841 1股線
回針繡
989
緞面繡

## 森林花卉 page 18-19

〔材料〕DMC繡線25號＝989, 3347, 3363, 822, 3078,3821, 341, 30, 939, 963, 224, 841, 3012　5號＝989, 3347, 3012

〔材 料〕DMC繡線25號＝989, 3347, 822, 341, 30, 224, 223, 841, 645　5號＝3347, 841

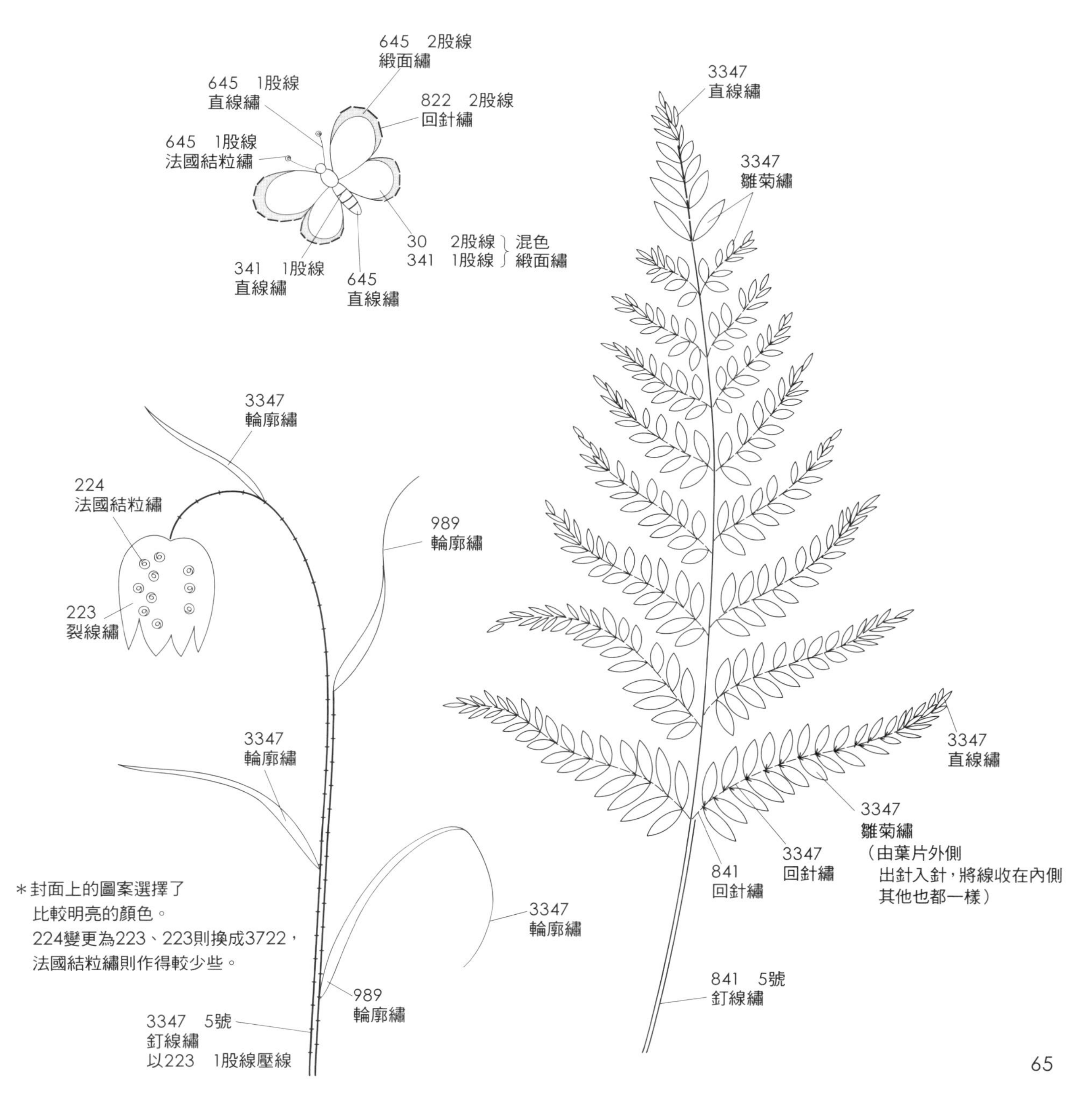

645　2股線
緞面繡
645　1股線
直線繡
822　2股線
回針繡
645　1股線
法國結粒繡
30　2股線
341　1股線
混色
緞面繡
341　1股線
直線繡
645
直線繡
3347
直線繡
3347
雛菊繡
3347
輪廓繡
224
法國結粒繡
989
輪廓繡
223
裂線繡
3347
輪廓繡
3347
直線繡
3347
雛菊繡
（由葉片外側
出針入針，將線收在內側
其他也都一樣）
3347
回針繡
841
回針繡
3347
輪廓繡
841　5號
釘線繡
989
輪廓繡
3347　5號
釘線繡
以223　1股線壓線


＊封面上的圖案選擇了
比較明亮的顏色。
224變更為223、223則換成3722，
法國結粒繡則作得較少些。

# 草原花卉 page 20-21

〔材料〕DMC繡線25號＝989, 3347, 3363, 471, 3364, 840, 822, 3822, 3821, 758, 3731, 153, 155, 341

5號＝989, 3347, 3052, 840

其他布料＝薄網紗橄欖綠　麻線（細）＝綠色

＊若是無法取得細麻線，就使用25號線33642股代替

＊草原以透明線固定網紗作成，細麻線及25號線471則以1股繡直線繡

153
緞面繡

840
法國結粒繡

3822
緞面繡

3821　2股線
法國結粒繡

3731　2股線
雛菊繡

3363
直線繡

822　2股線
直線繡

3822
雛菊繡

3347
2股線
直線繡

471
法國結粒繡

3347
2股線
直線繡

3364
1股線
回針繡

989　5號
釘線繡

3347
直線繡

341
直線繡

3347
直線繡

822
直線繡

3347
直線繡

3821
法國結粒繡

989
1股線
直線繡

3347
裂線繡

840
雛菊繡

989
雛菊繡

822
直線繡

3052　5號
釘線繡

471
法國結粒繡

3347
直線繡

471
直線繡

840　5號
釘線繡

3363
雛菊繡

989
2股線
回針繡

3347
裂線繡

989
回針繡

3347　2股線
回針繡

3347
輪廓繡

3364
輪廓繡

3347
雛菊繡

3822
法國
結粒繡

840
1股線
法國
結粒繡

3347
輪廓繡

3347　5號
釘線繡

3347
緞面繡

3052
5號
釘線繡

3347
裂線繡

471
1股線
直線繡

840
1股線
直線繡

989
緞面繡

3364
緞面繡

989
裂線繡

471
雛菊繡

989　5號
釘線繡

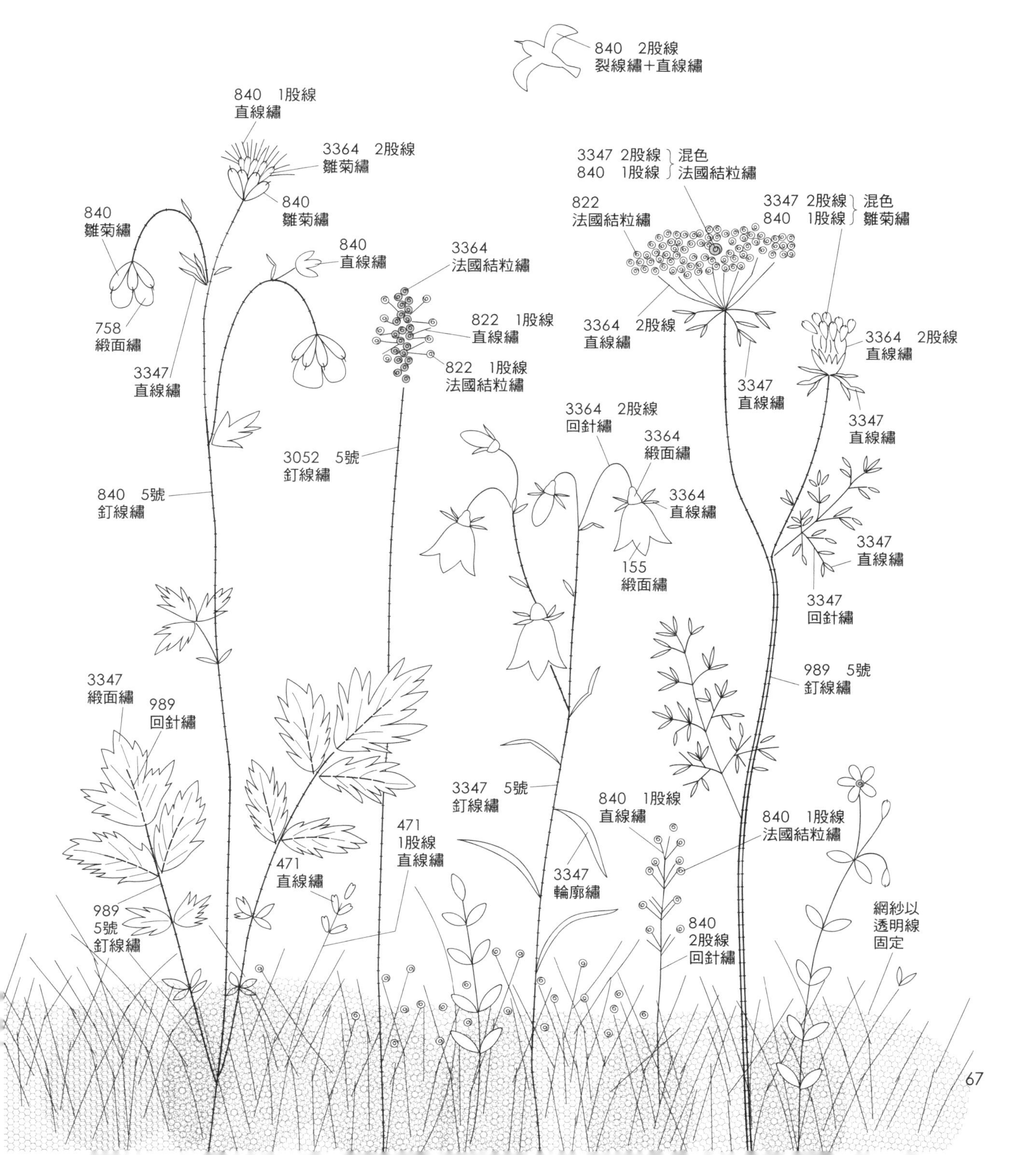
840　2股線
裂線繡＋直線繡
840　1股線
直線繡
3364　2股線
雛菊繡
840
雛菊繡
840
雛菊繡
840
直線繡
3364
法國結粒繡
758
緞面繡
822　1股線
直線繡
822　1股線
法國結粒繡
3347
直線繡
3052　5號
釘線繡
840　5號
釘線繡
3347 2股線
840　1股線
混色
法國結粒繡
822
法國結粒繡
3347　2股線
840　1股線
混色
雛菊繡
3364　2股線
直線繡
3364　2股線
直線繡
3347
直線繡
3347
直線繡
3364　2股線
回針繡
3364
緞面繡
3364
直線繡
155
緞面繡
3347
直線繡
3347
回針繡
989　5號
釘線繡
3347
緞面繡
989
回針繡
3347　5號
釘線繡
840　1股線
直線繡
840　1股線
法國結粒繡
471
1股線
直線繡
471
直線繡
3347
輪廓繡
989
5號
釘線繡
840
2股線
回針繡
網紗以
透明線
固定

## 夏至時 page 22-23

〔材料〕DMC繡線25號＝3348 368, 989, 3347, 822, 3822, 3820, 840, 801, 3727, 340, 3838　5號＝989, 840
MOKUBA歐根紗緞帶5mm寬＝15

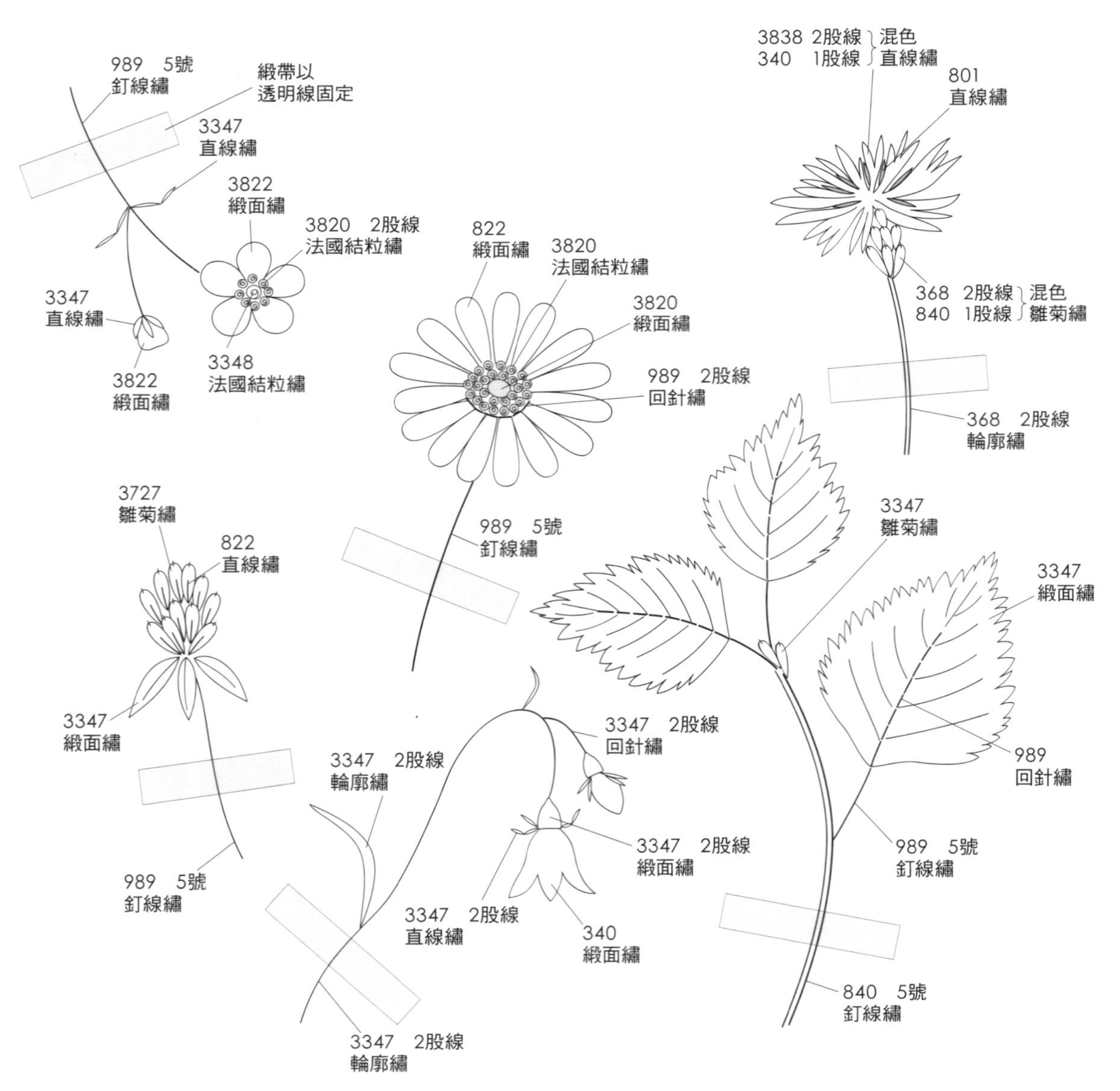

989 5號
釘線繡
緞帶以
透明線固定
3347
直線繡
3822
緞面繡
3820 2股線
法國結粒繡
3347
直線繡
3822
緞面繡
3348
法國結粒繡
822
緞面繡
3820
法國結粒繡
3820
緞面繡
989 2股線
回針繡
989 5號
釘線繡
3838 2股線
340 1股線
混色
直線繡
801
直線繡
368 2股線
840 1股線
混色
雛菊繡
368 2股線
輪廓繡
3727
雛菊繡
822
直線繡
3347
緞面繡
989 5號
釘線繡
3347 2股線
輪廓繡
3347 2股線
回針繡
3347 2股線
緞面繡
3347 2股線
直線繡
340
緞面繡
3347 2股線
輪廓繡
3347
雛菊繡
3347
緞面繡
989
回針繡
989 5號
釘線繡
840 5號
釘線繡

〔材料〕DMC繡線25號＝3865, 610, 368, 988, 989, 3347, 3822, 3820, 3727, 340, 3838　5號＝610, 989

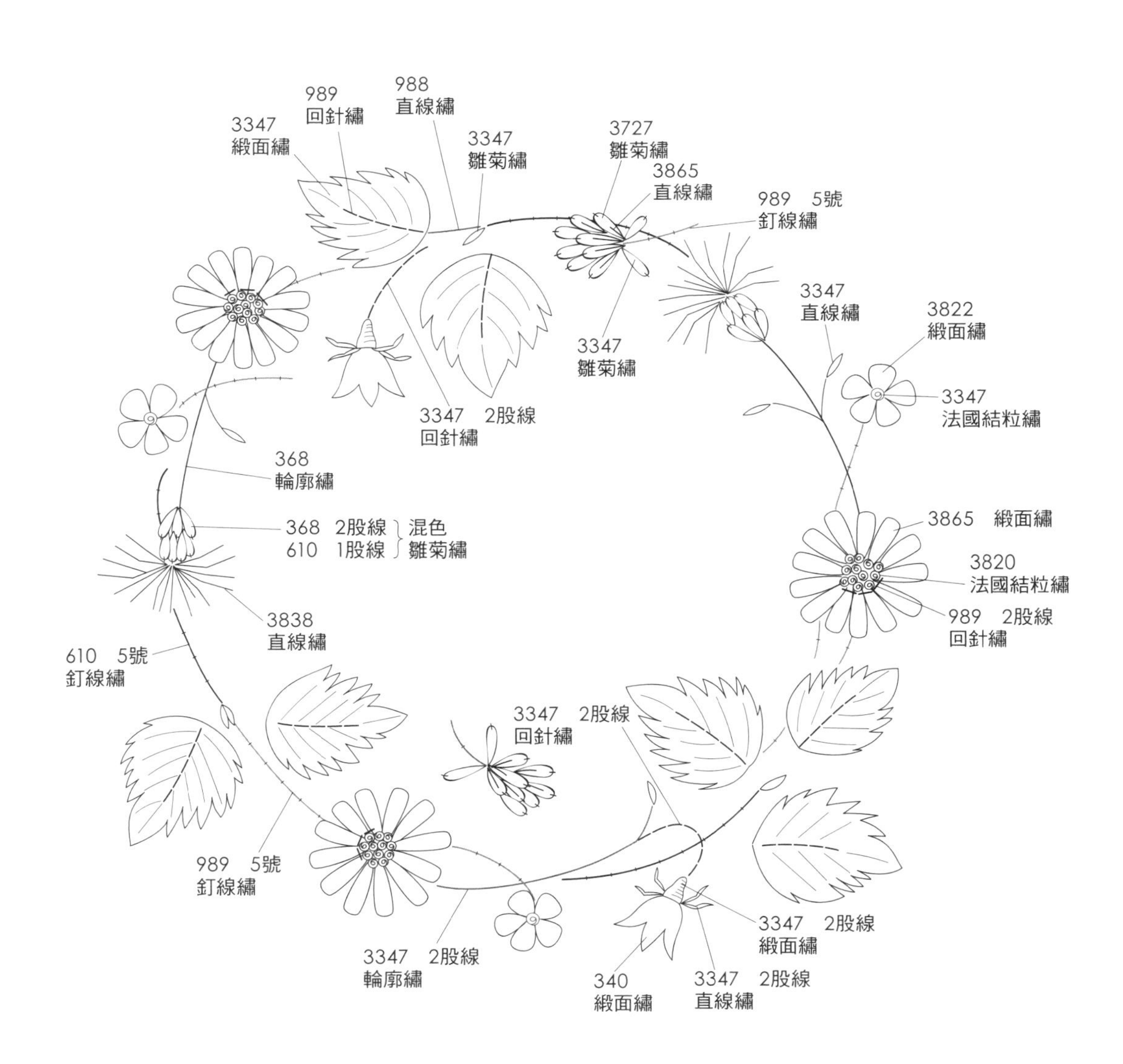
989
回針繡
988
直線繡
3347
緞面繡
3347
雛菊繡
3727
雛菊繡
3865
直線繡
989　5號
釘線繡
3347
直線繡
3822
緞面繡
3347
雛菊繡
3347
法國結粒繡
3347　2股線
回針繡
368
輪廓繡
368　2股線
610　1股線
混色
雛菊繡
3865　緞面繡
3820
法國結粒繡
989　2股線
回針繡
3838
直線繡
610　5號
釘線繡
3347　2股線
回針繡
989　5號
釘線繡
3347　2股線
緞面繡
3347　2股線
輪廓繡
340
緞面繡
3347　2股線
直線繡

## 亞麻田 page 24-25

〔材料〕DMC繡線
25號＝3053, 3364, 988, 341, 793, 11, 612, 648, 3790, 356, 844
5號＝3053
AFE 麻繡線＝L208, L910


3364
緞面繡
3790 2股線
裂線繡
＋
直線繡
648 2股線
裂線繡
844 1股線
法國結粒繡
844 1股線
直線繡
3364
緞面繡
844
1股線
直線繡
3364
2股線
回針繡
L910
釘線繡
612
1股線
壓線

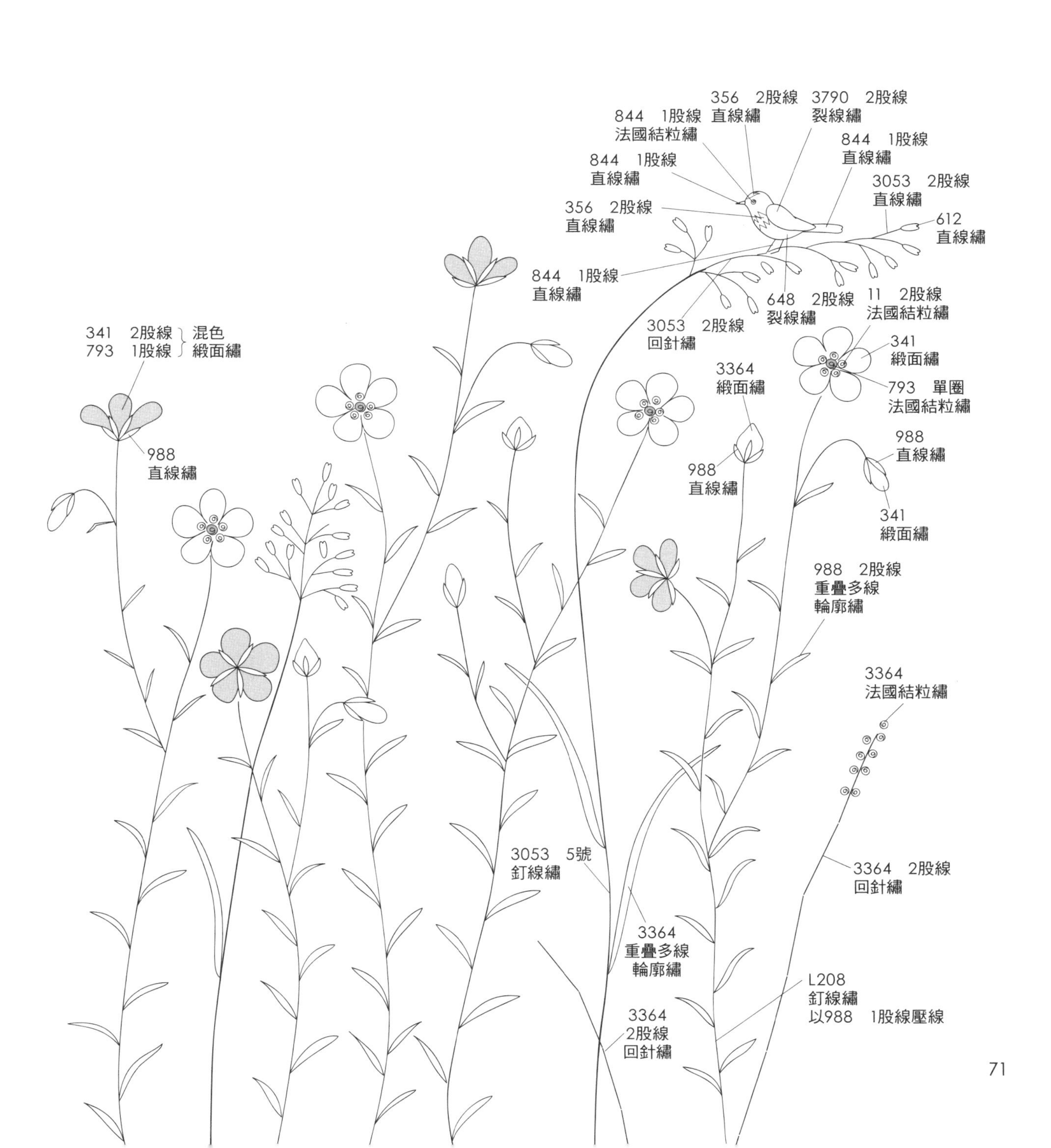
356　2股線
直線繡
3790　2股線
裂線繡
844　1股線
法國結粒繡
844　1股線
直線繡
844　1股線
直線繡
3053　2股線
直線繡
356　2股線
直線繡
612
直線繡
844　1股線
直線繡
648　2股線
裂線繡
11　2股線
法國結粒繡
3053　2股線
回針繡
341　2股線
793　1股線
混色
緞面繡
341
緞面繡
3364
緞面繡
793　單圈
法國結粒繡
988
直線繡
988
直線繡
988
直線繡
341
緞面繡
988　2股線
重疊多線
輪廓繡
3364
法國結粒繡
3053　5號
釘線繡
3364　2股線
回針繡
3364
重疊多線
輪廓繡
L208
釘線繡
以988　1股線壓線
3364
2股線
回針繡

## 森林水果 page 26-27

〔材 料〕DMC繡線
25號＝471, 3347, 3053, 3012, 611, 760, 3328, 3831, 3838, 3807
5號＝3053, 3012

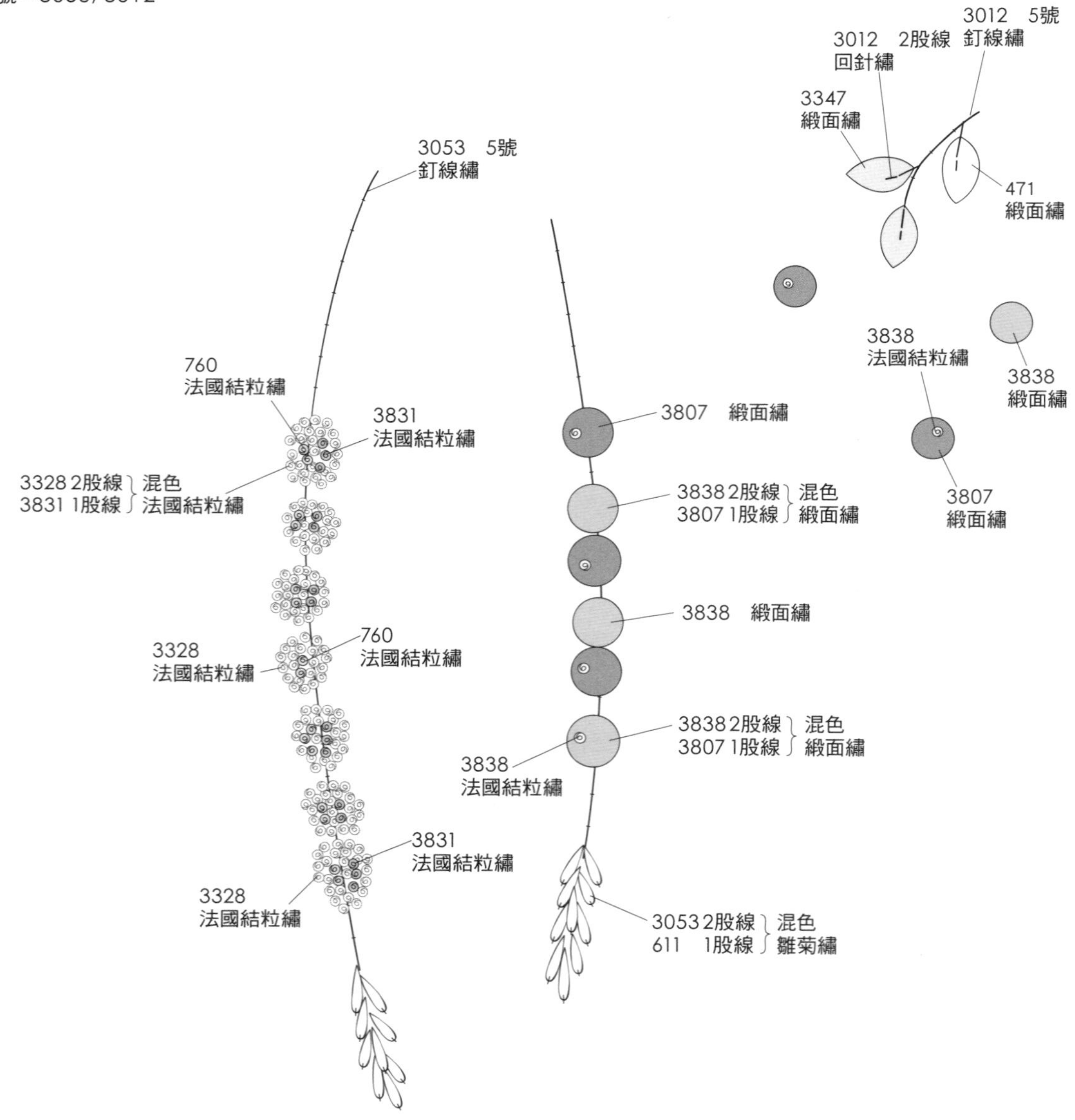

3012 5號
釘線繡
3012 2股線
回針繡
3347
緞面繡
471
緞面繡
3053 5號
釘線繡
3838
法國結粒繡
3838
緞面繡
760
法國結粒繡
3831
法國結粒繡
3807 緞面繡
3328 2股線
3831 1股線
混色
法國結粒繡
3838 2股線
3807 1股線
混色
緞面繡
3807
緞面繡
3838 緞面繡
760
法國結粒繡
3328
法國結粒繡
3838 2股線
3807 1股線
混色
緞面繡
3838
法國結粒繡
3831
法國結粒繡
3328
法國結粒繡
3053 2股線
611 1股線
混色
雛菊繡

〔材 料〕DMC繡線
25號＝471, 3347, 3053, 3363, 3362, 3012, 611, 822, 3821, 760, 3328, 3831, 3838, 3807, 930
5號＝3053, 3012, 841

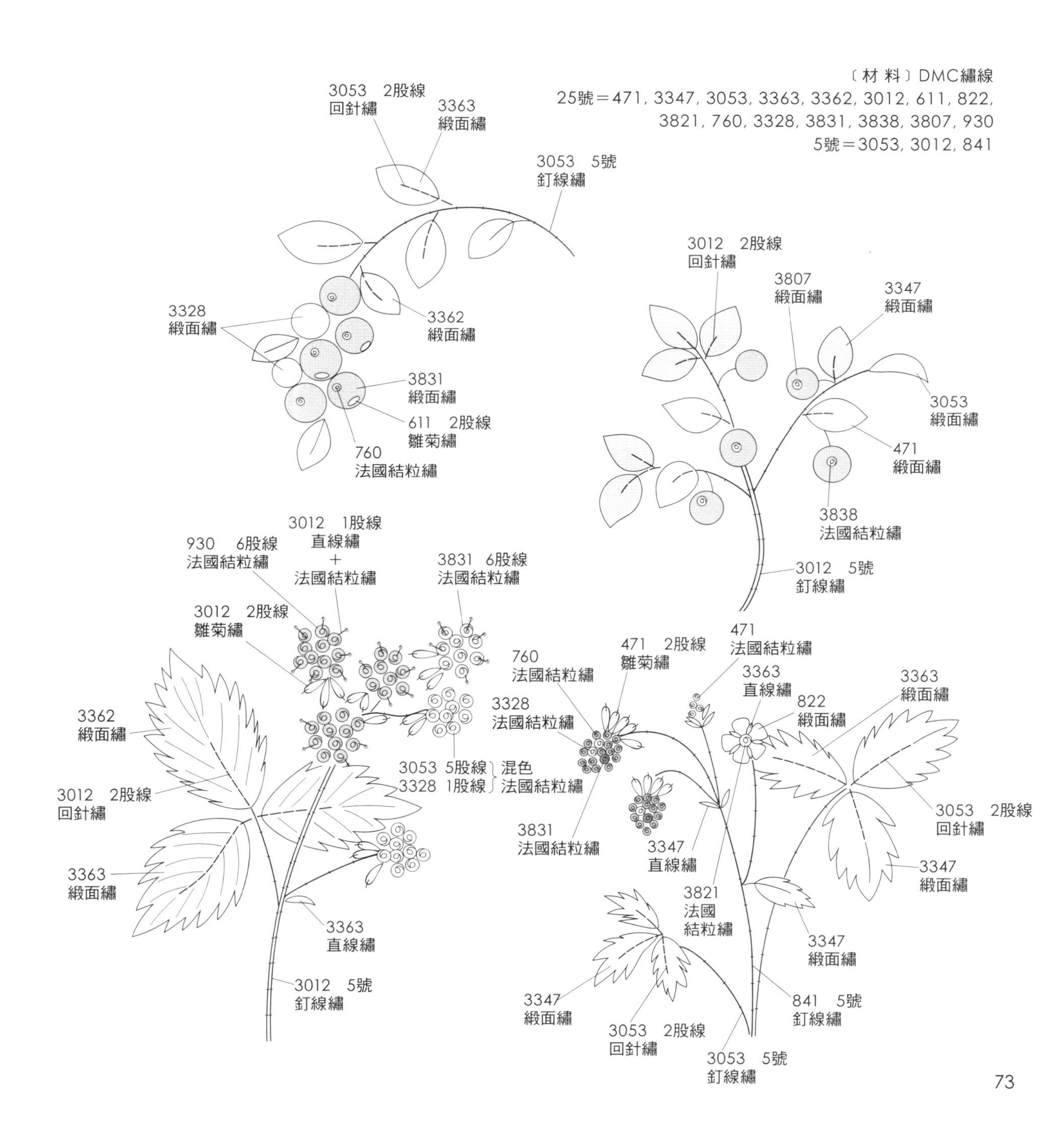
3053 2股線
回針繡
3363
緞面繡
3053 5號
釘線繡
3328
緞面繡
3362
緞面繡
3831
緞面繡
611 2股線
雛菊繡
760
法國結粒繡
3012 2股線
回針繡
3807
緞面繡
3347
緞面繡
3053
緞面繡
471
緞面繡
3838
法國結粒繡
3012 5號
釘線繡
930 6股線
法國結粒繡
3012 1股線
直線繡
＋
法國結粒繡
3831 6股線
法國結粒繡
3012 2股線
雛菊繡
3362
緞面繡
3053 5股線
3328 1股線
混色
法國結粒繡
3012 2股線
回針繡
3363
緞面繡
3363
直線繡
3012 5號
釘線繡
760
法國結粒繡
471 2股線
雛菊繡
471
法國結粒繡
3363
直線繡
822
緞面繡
3363
緞面繡
3328
法國結粒繡
3053 2股線
回針繡
3831
法國結粒繡
3347
直線繡
3347
緞面繡
3821
法國
結粒繡
3347
緞面繡
3347
緞面繡
841 5號
釘線繡
3053 2股線
回針繡
3053 5號
釘線繡

## 秋季草原　page 28-29

〔材料〕DMC繡線25號＝3863, 3862, 839, 420, 3865, 169, 844, 921, 3051　5號＝840, 839
＊鳥眼刺繡方式→p.52

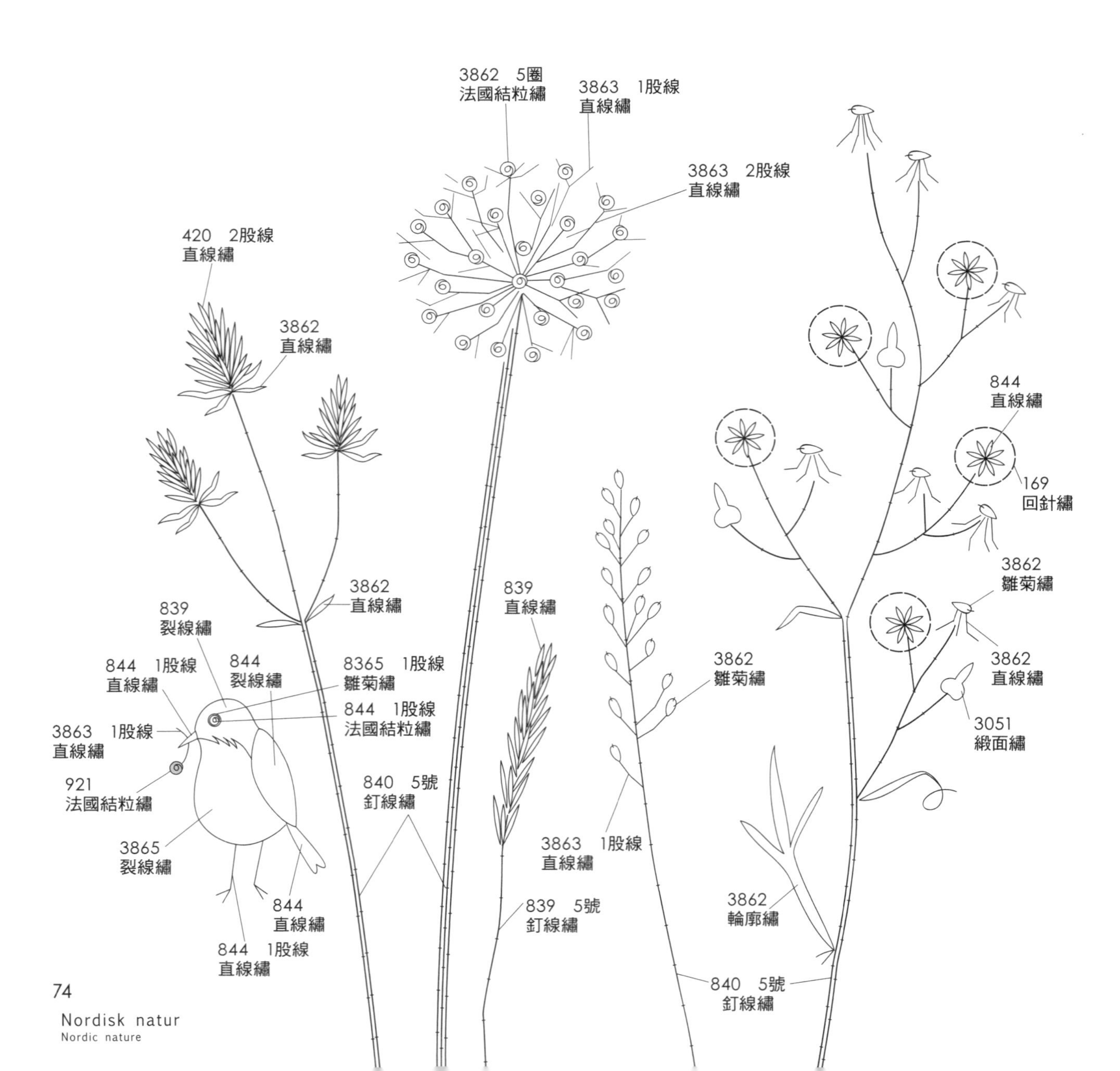

3862　5圈
法國結粒繡
3863　1股線
直線繡
3863　2股線
直線繡
420　2股線
直線繡
3862
直線繡
3862
直線繡
839
裂線繡
844　1股線
直線繡
844
裂線繡
8365　1股線
雛菊繡
844　1股線
法國結粒繡
3863　1股線
直線繡
921
法國結粒繡
3865
裂線繡
844
直線繡
844　1股線
直線繡
840　5號
釘線繡
839
直線繡
839　5號
釘線繡
3863　1股線
直線繡
3862
雛菊繡
844
直線繡
169
回針繡
3862
雛菊繡
3862
直線繡
3051
緞面繡
3862
輪廓繡
840　5號
釘線繡

〔材 料〕DMC繡線
25號＝3863, 3862, 839, 420, 3865, 169, 844, 921
5號＝840, 839　＊鳥眼刺繡方式→p.52

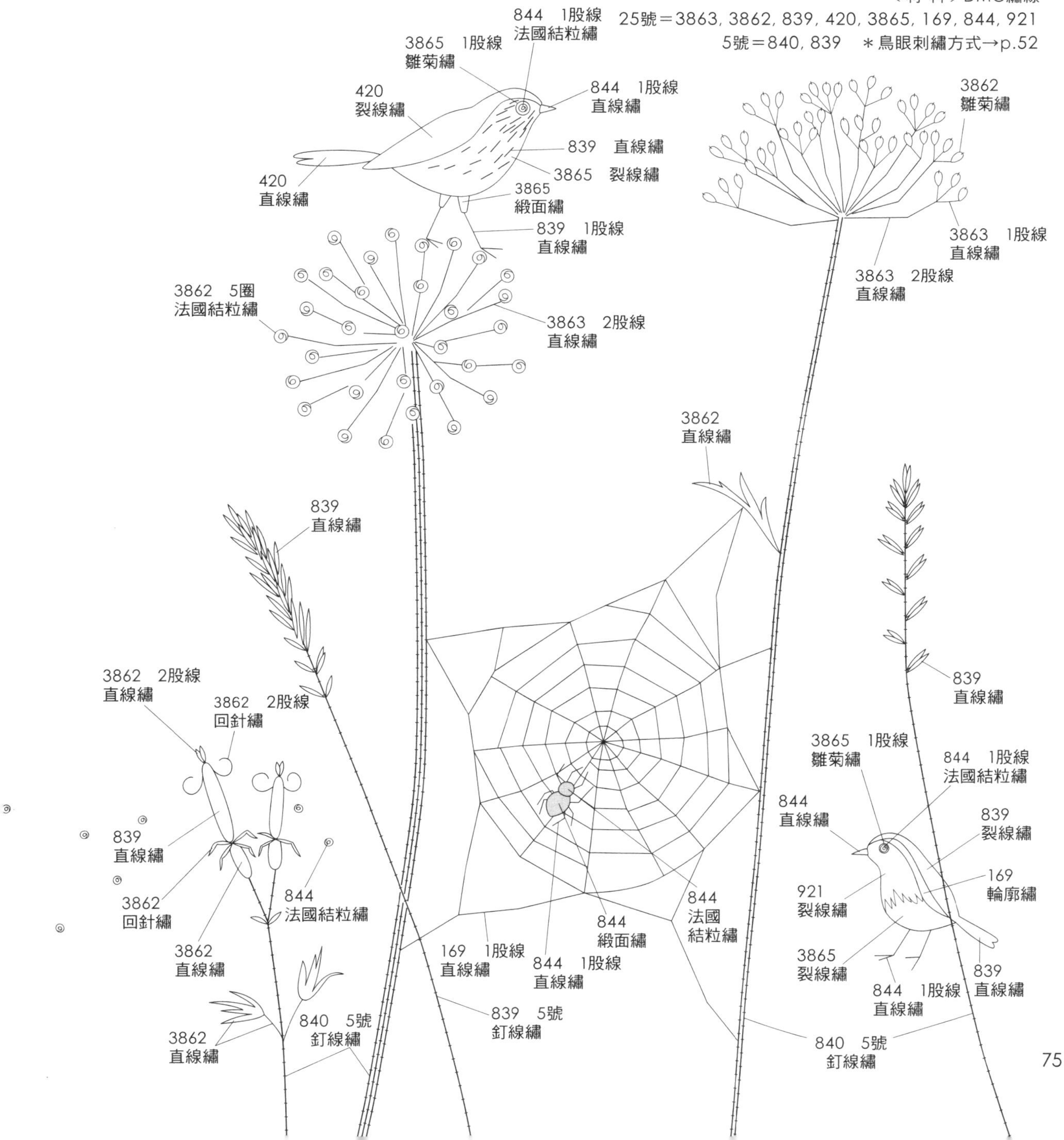

844 1股線
法國結粒繡
3865 1股線
雛菊繡
420
裂線繡
844 1股線
直線繡
839 直線繡
3865 裂線繡
420
直線繡
3865
緞面繡
839 1股線
直線繡
3862
雛菊繡
3863 1股線
直線繡
3863 2股線
直線繡
3862 5圈
法國結粒繡
3863 2股線
直線繡
3862
直線繡
839
直線繡
839
直線繡
3862 2股線
直線繡
3862 2股線
回針繡
3865 1股線
雛菊繡
844 1股線
法國結粒繡
844
直線繡
839
裂線繡
839
直線繡
3862
回針繡
844
法國結粒繡
921
裂線繡
169
輪廓繡
844
法國
結粒繡
844
緞面繡
3862
直線繡
169 1股線
直線繡
844 1股線
直線繡
3865
裂線繡
839
直線繡
844 1股線
直線繡
840 5號
釘線繡
839 5號
釘線繡
3862
直線繡
840 5號
釘線繡

## 秋季森林　page 30-31

〔材料〕DMC繡線25號＝676, 436, 435, 3863, 3772, 08, 921, 350, 3865, 3866　5號＝436
AFE 麻繡線= L417

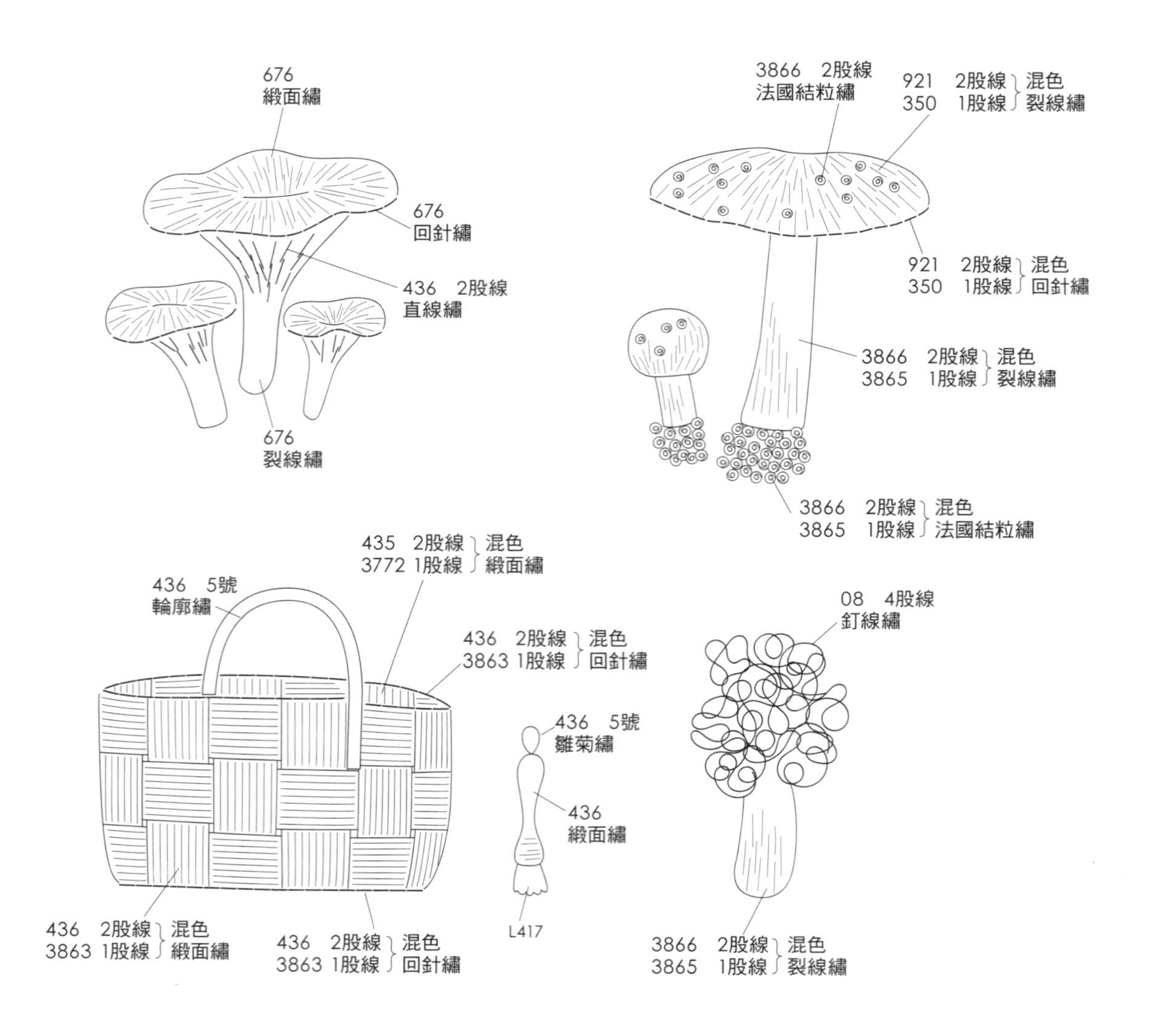

676
緞面繡
676
回針繡
436　2股線
直線繡
676
裂線繡
3866　2股線
法國結粒繡
921　2股線
350　1股線
混色
裂線繡
921　2股線
350　1股線
混色
回針繡
3866　2股線
3865　1股線
混色
裂線繡
3866　2股線
3865　1股線
混色
法國結粒繡
435　2股線
3772 1股線
混色
緞面繡
436　5號
輪廓繡
436　2股線
3863 1股線
混色
回針繡
436　5號
雛菊繡
436
緞面繡
L417
08　4股線
釘線繡
436　2股線
3863 1股線
混色
緞面繡
436　2股線
3863 1股線
混色
回針繡
3866　2股線
3865　1股線
混色
裂線繡

〔材料〕AFE 麻繡線=L912 DMC繡線25號＝08
其他布料＝紅棕色網紗、焦茶色網紗
＊使用L912完成釘線繡之後，
將網紗剪成雞蛋形放在刺繡上，以透明線固定

08 2股線
緞面繡

08 2股線
裂線繡＋直線繡

網紗
焦茶色

08
直線繡

網紗紅棕色

L912 釘線繡
以08 1股線壓線

網紗以透明線固定

08 2股線
緞面繡

08 2股線
裂線繡＋直線繡

## 聖誕節 page32-33

〔材料〕DMC繡線5號＝612　25號＝347

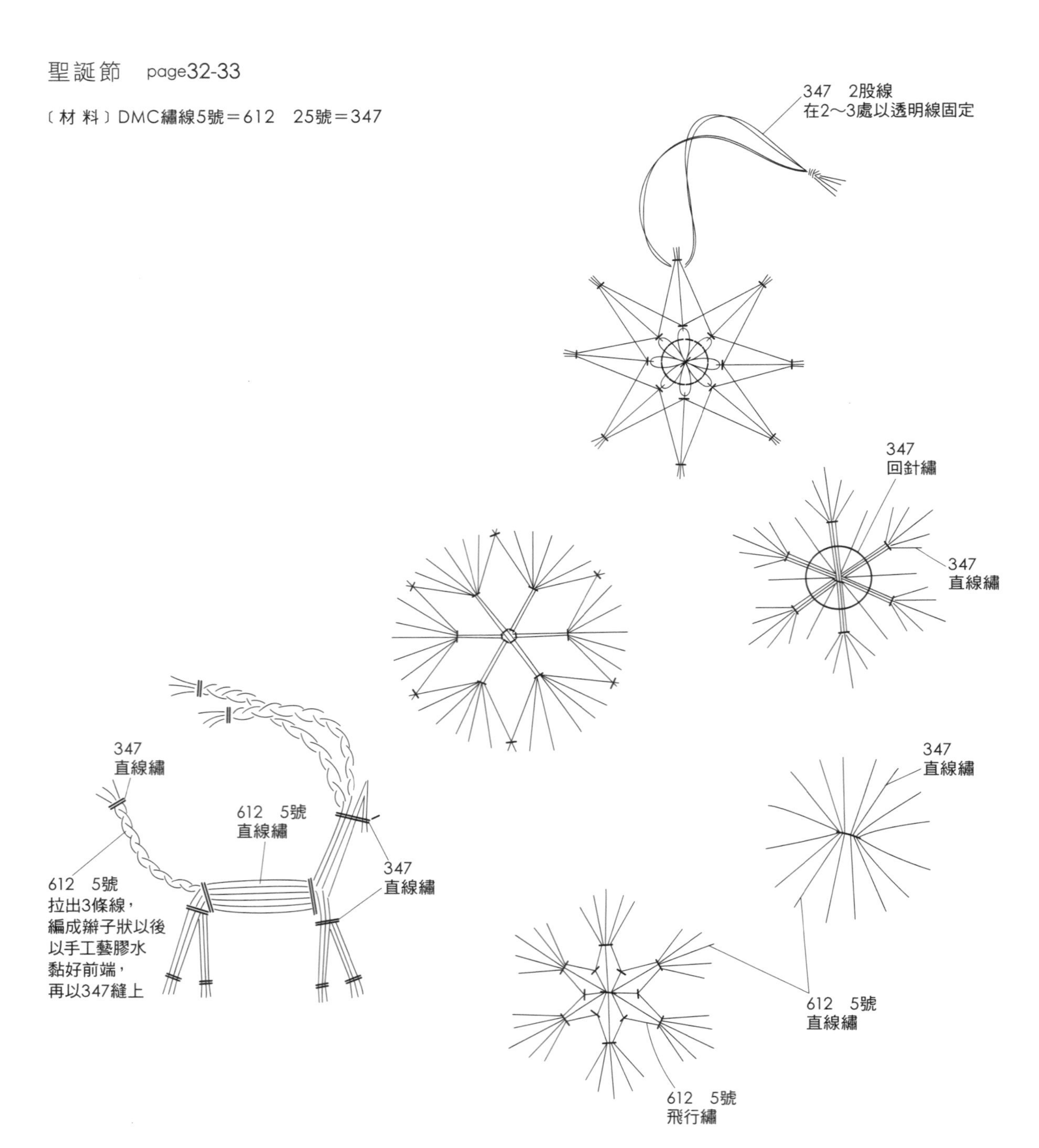
347　2股線
在2～3處以透明線固定
347
回針繡
347
直線繡
347
直線繡
612　5號
直線繡
347
直線繡
612　5號
拉出3條線，
編成辮子狀以後
以手工藝膠水
黏好前端，
再以347縫上
347
直線繡
612　5號
直線繡
612　5號
飛行繡

〔材 料〕DMC繡線25號＝347, 612, 3866, 3799, 3827, 3821, 945, 03　AFE 麻繡線=L910

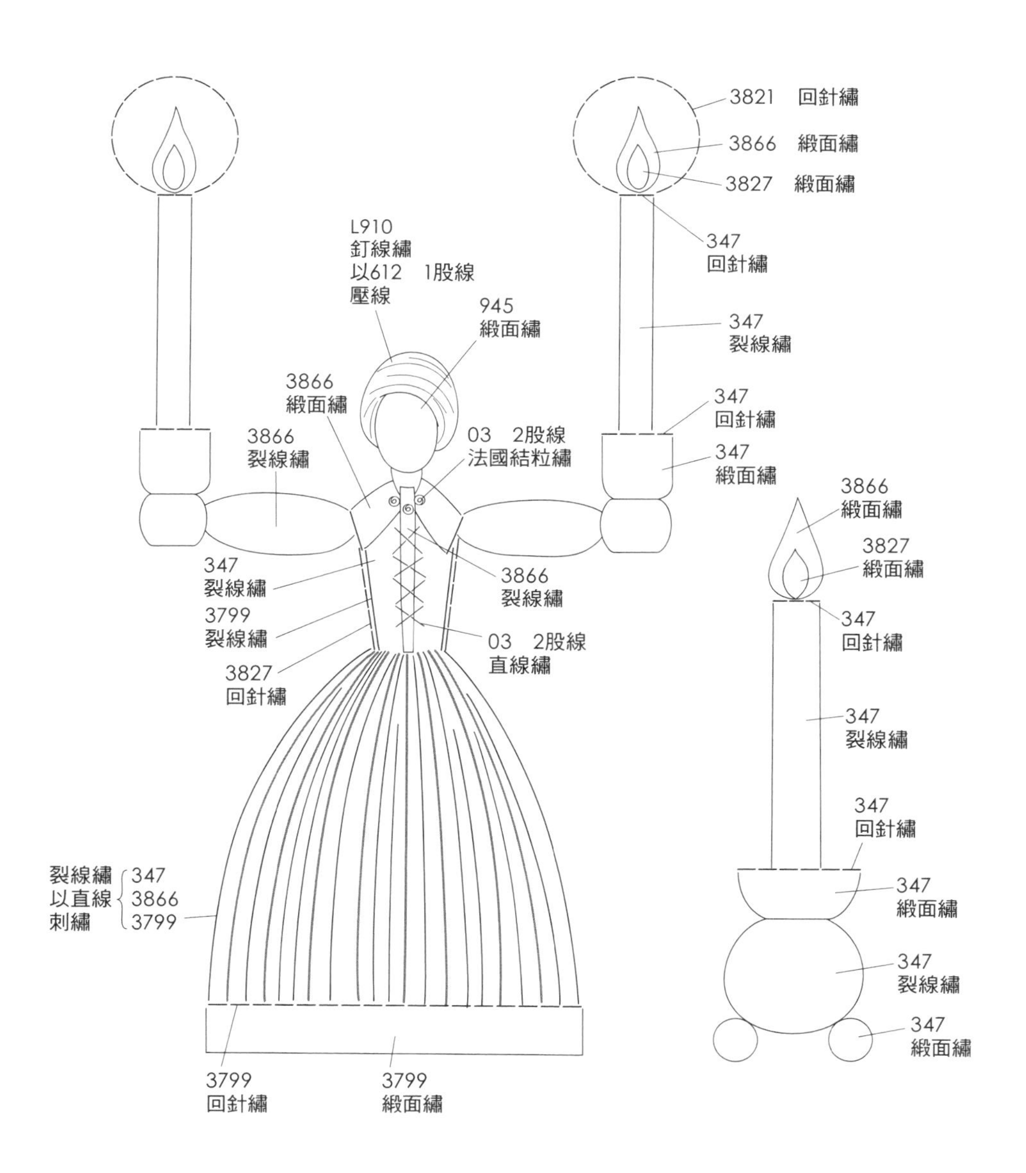
3821　回針繡
3866　緞面繡
3827　緞面繡
347
回針繡
L910
釘線繡
以612　1股線
壓線
945
緞面繡
347
裂線繡
3866
緞面繡
347
回針繡
3866
裂線繡
03　2股線
法國結粒繡
347
緞面繡
3866
緞面繡
3827
緞面繡
347
裂線繡
3866
裂線繡
3799
裂線繡
347
回針繡
03　2股線
直線繡
3827
回針繡
347
裂線繡
347
回針繡
裂線繡
以直線
刺繡
347
3866
3799
347
緞面繡
347
裂線繡
347
緞面繡
3799
回針繡
3799
緞面繡

## 冬季天空 page 34-35

〔材 料〕DMC繡線25號＝169

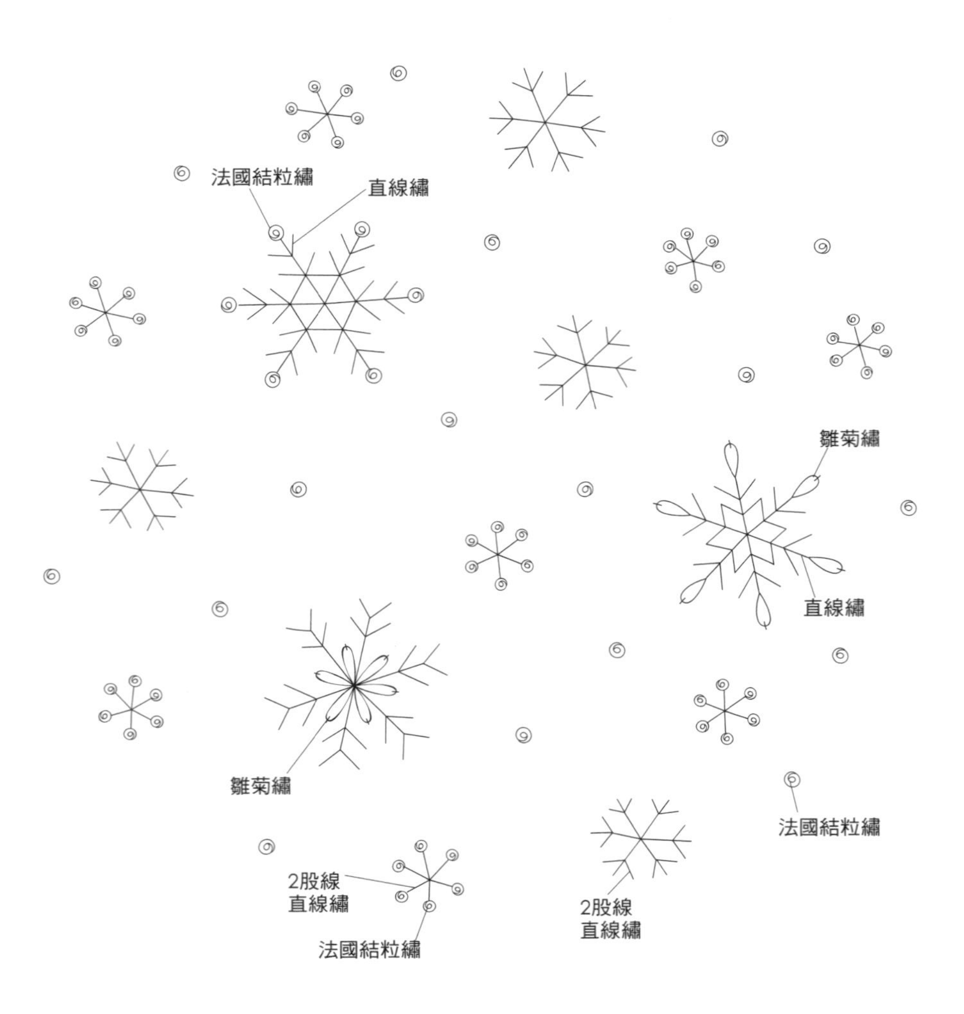
法國結粒繡
直線繡
雛菊繡
直線繡
雛菊繡
法國結粒繡
2股線
直線繡
法國結粒繡
2股線
直線繡

page 81→

〔材 料〕DMC繡線25號＝3866, 520, 08

520
直線繡
3866
法國結粒繡
08
緞面繡

## Fräglära　色彩課程　page 38-39

〔材 料〕DMC繡線25號＝666, 740, 973, 907, 701, 3812, 3765, 792, 208, 917
＊厚紙板　2×3cm10張
〔所有顏色相同的捲收方式〕　直接使用6股線　開始捲的時候與捲完都以透明膠帶固定。

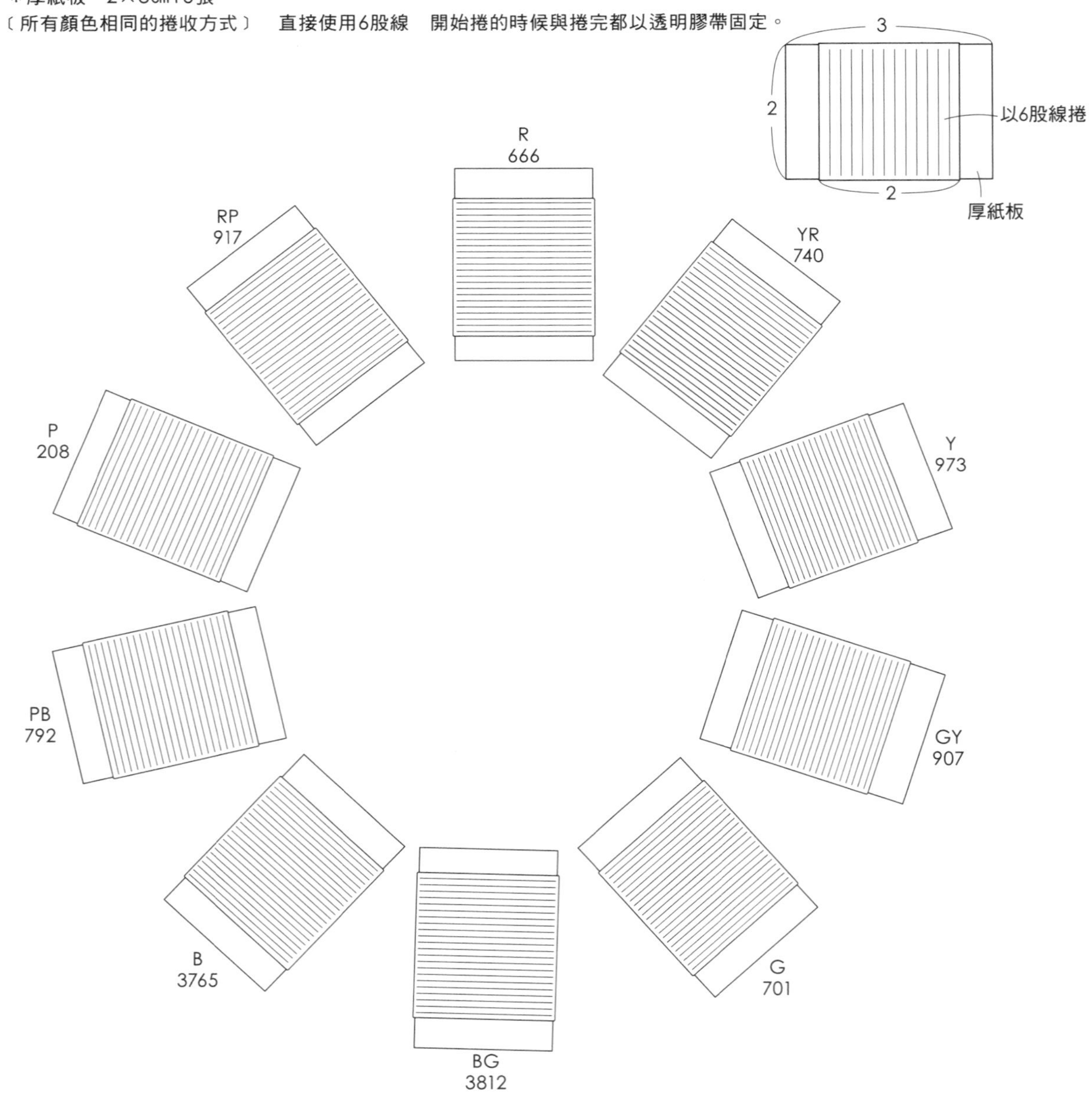
3
2
以6股線捲
2
厚紙板
R
666
YR
740
Y
973
GY
907
G
701
BG
3812
B
3765
PB
792
P
208
RP
917

〔材料〕DMC繡線25號＝3865, 310, 606, 666, 817, 815, 445, 973, 972, 3820, 943, 906, 700, 895, 518, 798, 797, 823

＊使用方格紙或1mm厚發泡坂　2×12cm

〔所有顏色相同的捲收方式〕　直接使用6股線　開始捲的時候與捲完都以透明膠帶固定。

中間不要剪斷，交互纏繞後拉成條紋形狀。

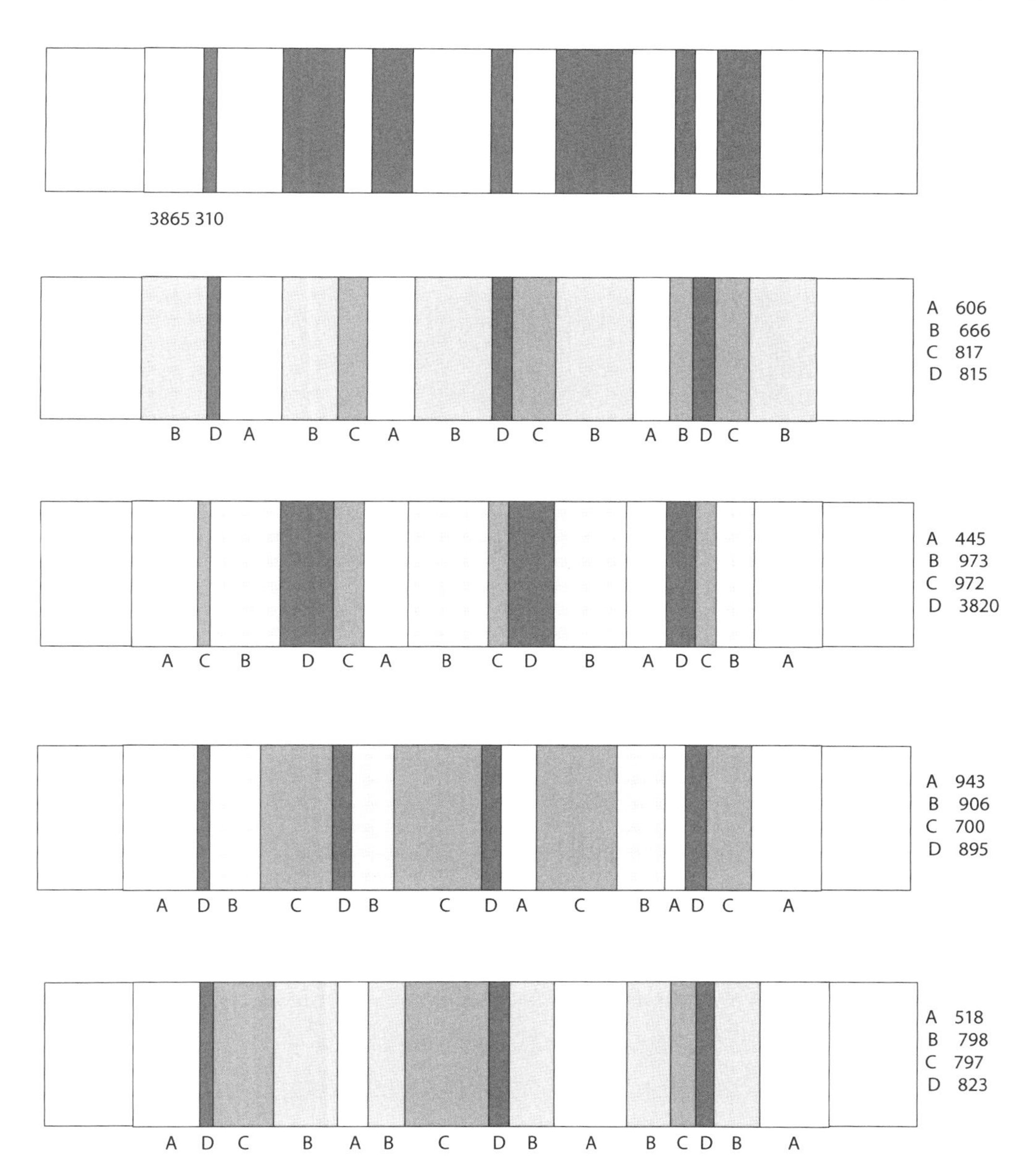

3865 310
B D A B C A B D C B A B D C B
A 606
B 666
C 817
D 815
A C B D C A B C D B A D C B A
A 445
B 973
C 972
D 3820
A D B C D B C D A C B A D C A
A 943
B 906
C 700
D 895
A D C B A B C D B A B C D B A
A 518
B 798
C 797
D 823

## Fräglära röd　紅色　page 40-41

〔材料〕DMC繡線25號＝347, 350, 335, 826, 319, 04, 844, 3866
AFE 麻繡線=L414
其他布料＝白色麻布、紅色麻布（以雙面膠襯貼在底布後再刺繡）

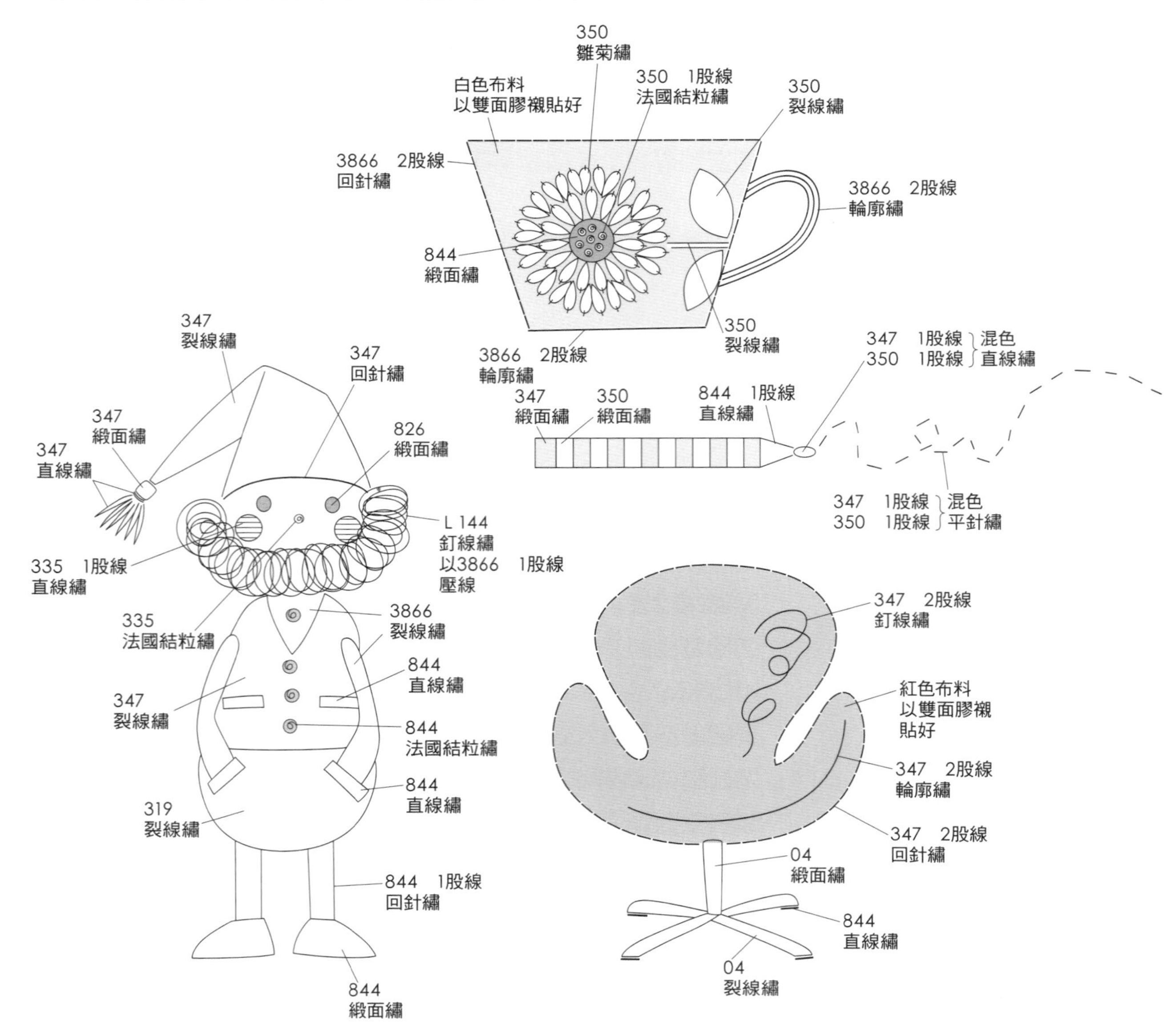

350
雛菊繡
白色布料
以雙面膠襯貼好
350　1股線
法國結粒繡
350
裂線繡
3866　2股線
回針繡
3866　2股線
輪廓繡
844
緞面繡
350
裂線繡
3866　2股線
輪廓繡
347　1股線
350　1股線
混色
直線繡
347
裂線繡
347
回針繡
347
緞面繡
350
緞面繡
844　1股線
直線繡
347
緞面繡
826
緞面繡
347
直線繡
347　1股線
350　1股線
混色
平針繡
L 144
釘線繡
以3866　1股線
壓線
335　1股線
直線繡
335
法國結粒繡
3866
裂線繡
347　2股線
釘線繡
844
直線繡
347
裂線繡
紅色布料
以雙面膠襯
貼好
844
法國結粒繡
347　2股線
輪廓繡
844
直線繡
319
裂線繡
347　2股線
回針繡
04
緞面繡
844　1股線
回針繡
844
直線繡
04
裂線繡
844
緞面繡

〔材 料〕DMC繡線25號＝347

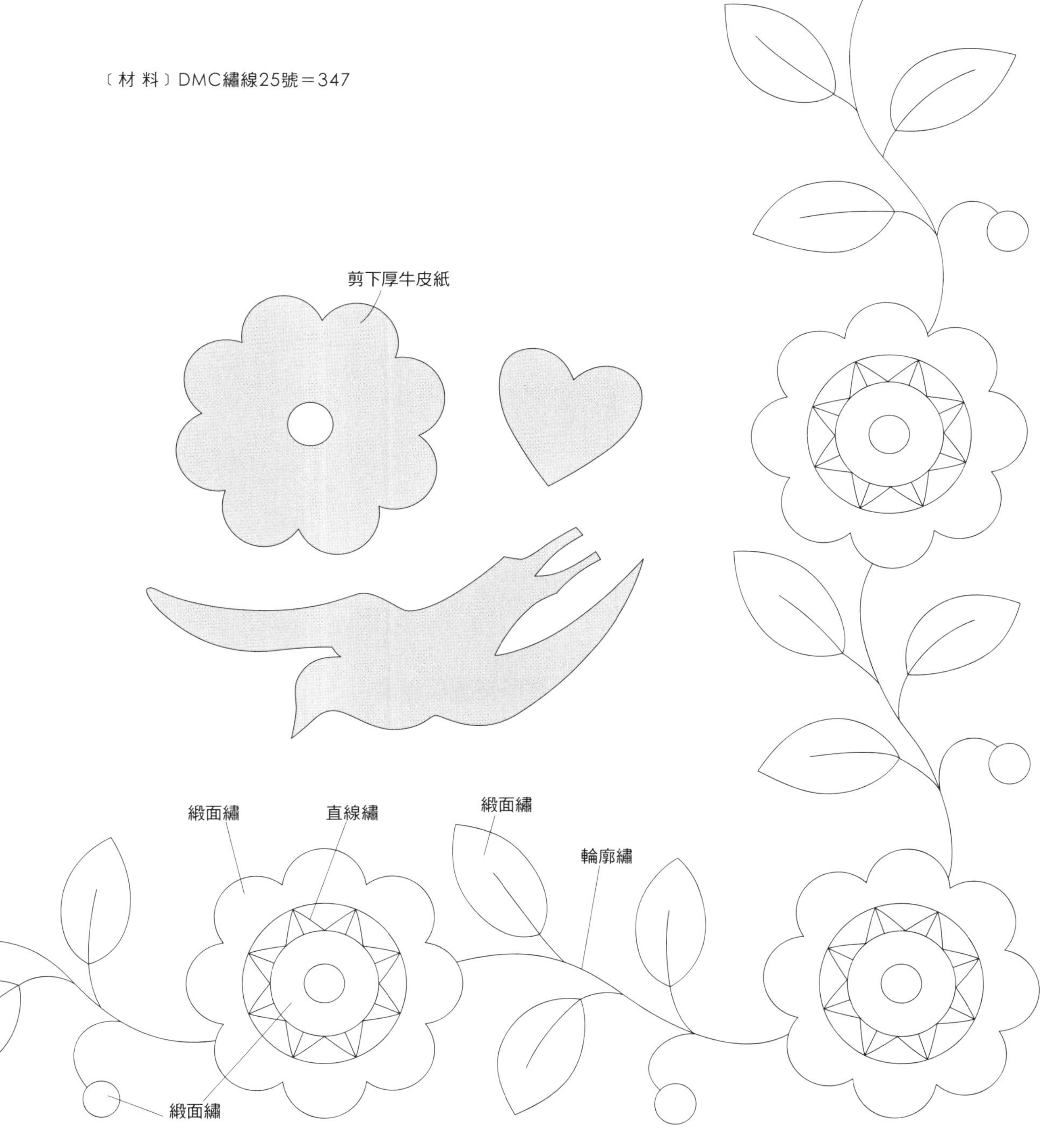
剪下厚牛皮紙
緞面繡
直線繡
緞面繡
輪廓繡
緞面繡

# Fräglära gul　黃色　page42-43

〔材料〕DMC繡線25號＝727, 726, 3820, 729, 435, 972, 839, 3866, 01, 646, 844, 801, 471　5號＝471
AFE 麻繡線=L503
其他布料＝白色麻布、焦茶色麻布（以雙面膠襯貼在底布後刺繡）

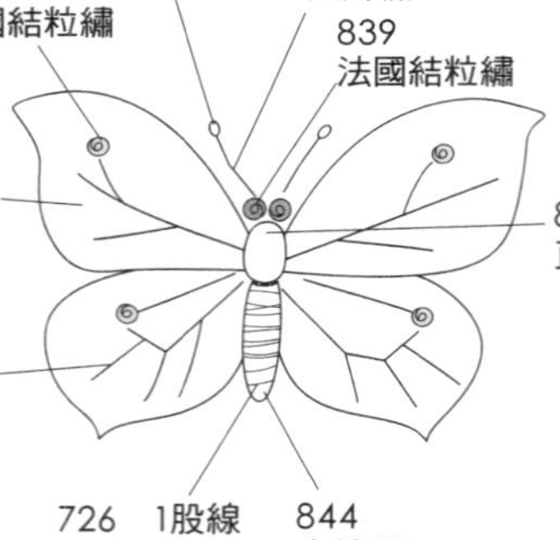

844　1股線
直線繡
844　1股線
回針繡
435
法國結粒繡
839
法國結粒繡
726
長短針繡
844
直線繡
646　1股線
直線繡
726　1股線
直線繡
844
直線繡

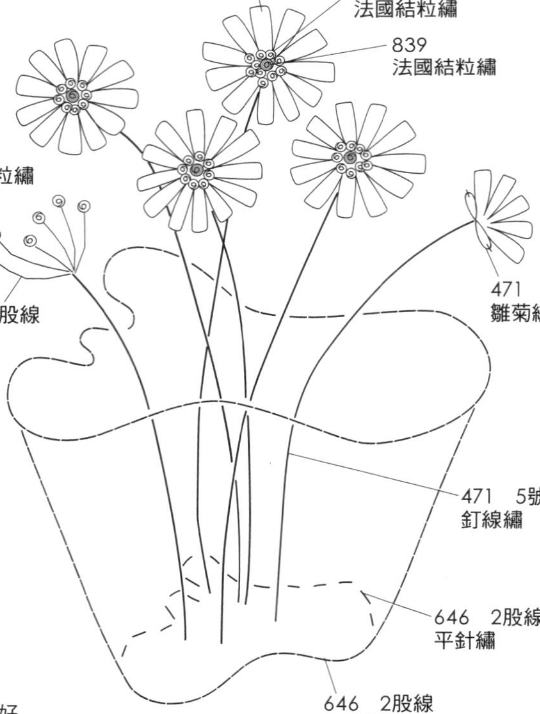

L503
直線繡
435
法國結粒繡
839
法國結粒繡
729
法國結粒繡
471　2股線
回針繡
471　2股線
雛菊繡
471　5號
釘線繡
646　2股線
平針繡
646　2股線
回針繡

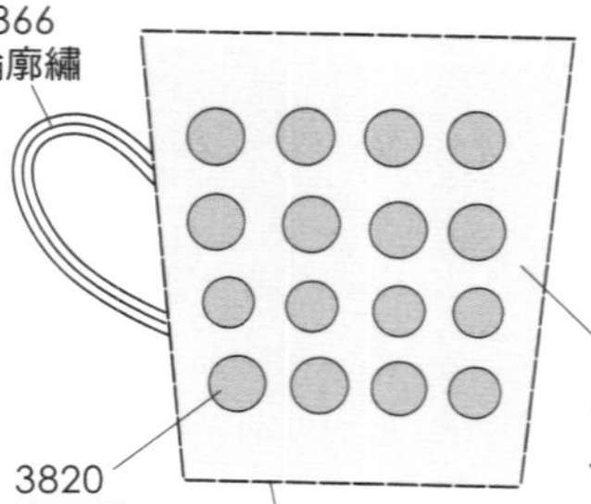

3866
輪廓繡
白色布料
以雙面膠襯貼好
3820
緞面繡
3866　2股線
回針繡

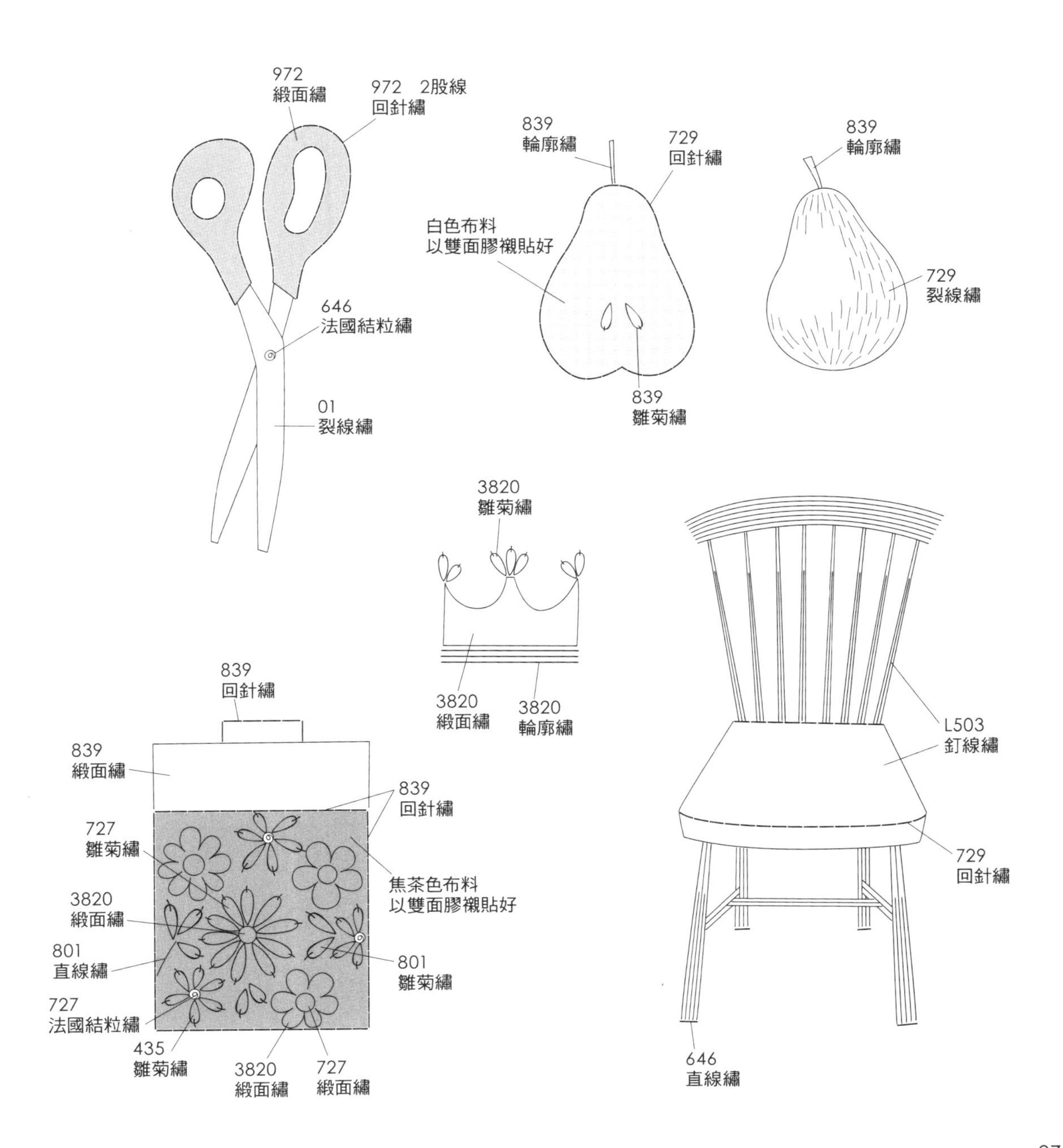
972
緞面繡
972　2股線
回針繡
646
法國結粒繡
01
裂線繡
839
輪廓繡
729
回針繡
白色布料
以雙面膠襯貼好
839
雛菊繡
839
輪廓繡
729
裂線繡
3820
雛菊繡
3820
緞面繡
3820
輪廓繡
839
回針繡
839
緞面繡
839
回針繡
727
雛菊繡
焦茶色布料
以雙面膠襯貼好
3820
緞面繡
801
直線繡
801
雛菊繡
727
法國結粒繡
435
雛菊繡
3820
緞面繡
727
緞面繡
L503
釘線繡
729
回針繡
646
直線繡

## Fräglära grön　綠色　page 44-45

〔材 料〕DMC繡線25號=943, 906, 702, 700, 895, 470, 3866, 612, 420, 413
AFE 麻繡線=L407
其他布料＝白色麻布、深綠色麻布、亮綠色麻布（以雙面膠襯貼在底布後刺繡）

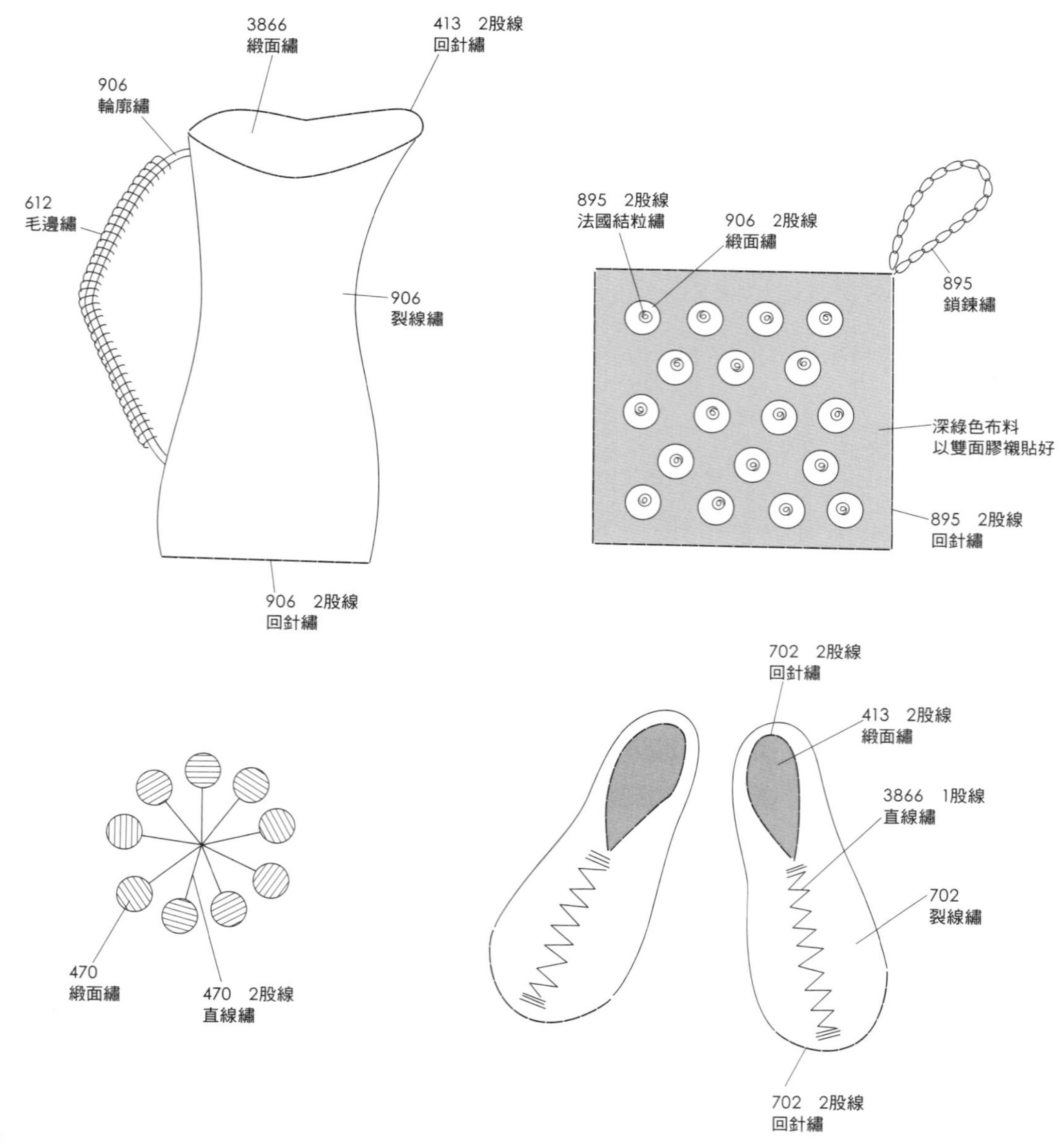
3866
緞面繡
413　2股線
回針繡
906
輪廓繡
612
毛邊繡
906
裂線繡
906　2股線
回針繡
895　2股線
法國結粒繡
906　2股線
緞面繡
895
鎖鍊繡
深綠色布料
以雙面膠襯貼好
895　2股線
回針繡
702　2股線
回針繡
413　2股線
緞面繡
3866　1股線
直線繡
702
裂線繡
702　2股線
回針繡
470
緞面繡
470　2股線
直線繡

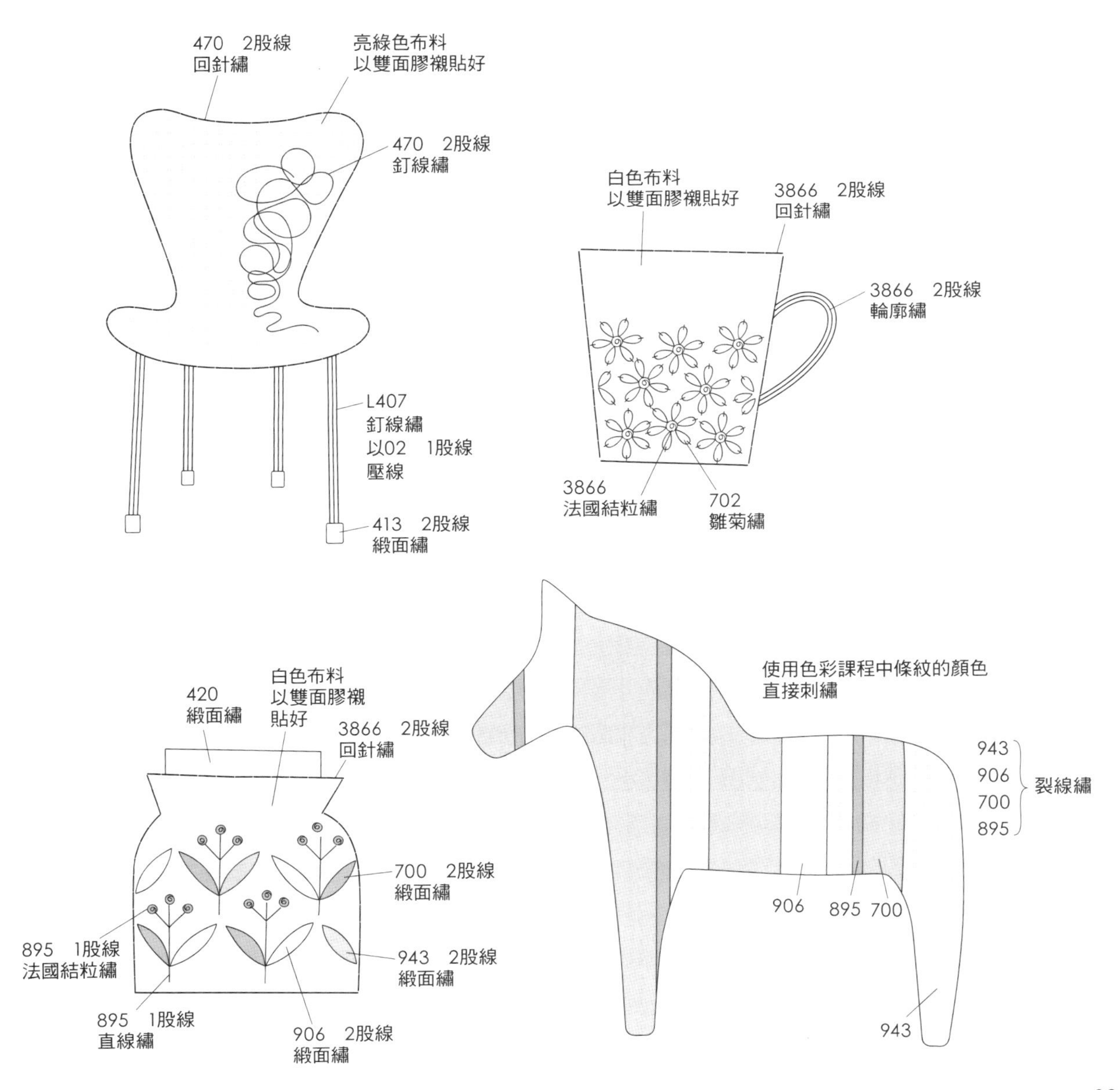
470　2股線
回針繡
亮綠色布料
以雙面膠襯貼好
470　2股線
釘線繡
L407
釘線繡
以02　1股線
壓線
413　2股線
緞面繡
白色布料
以雙面膠襯貼好
3866　2股線
回針繡
3866　2股線
輪廓繡
3866
法國結粒繡
702
雛菊繡
420
緞面繡
白色布料
以雙面膠襯
貼好
3866　2股線
回針繡
700　2股線
緞面繡
895　1股線
法國結粒繡
943　2股線
緞面繡
895　1股線
直線繡
906　2股線
緞面繡
使用色彩課程中條紋的顏色
直接刺繡
943
906
700
895
裂線繡
906
895
700
943

## Fräglära blå　藍色　page 46-47

〔材料〕DMC繡線25號＝3866, 798, 3838, 797, 823, 3364, 646, 413, 02　5號＝3053
AFE 麻繡線=L407
其他布料＝海軍藍色網紗、白色麻布、海軍藍色麻布（以雙面膠襯貼在底布後刺繡）

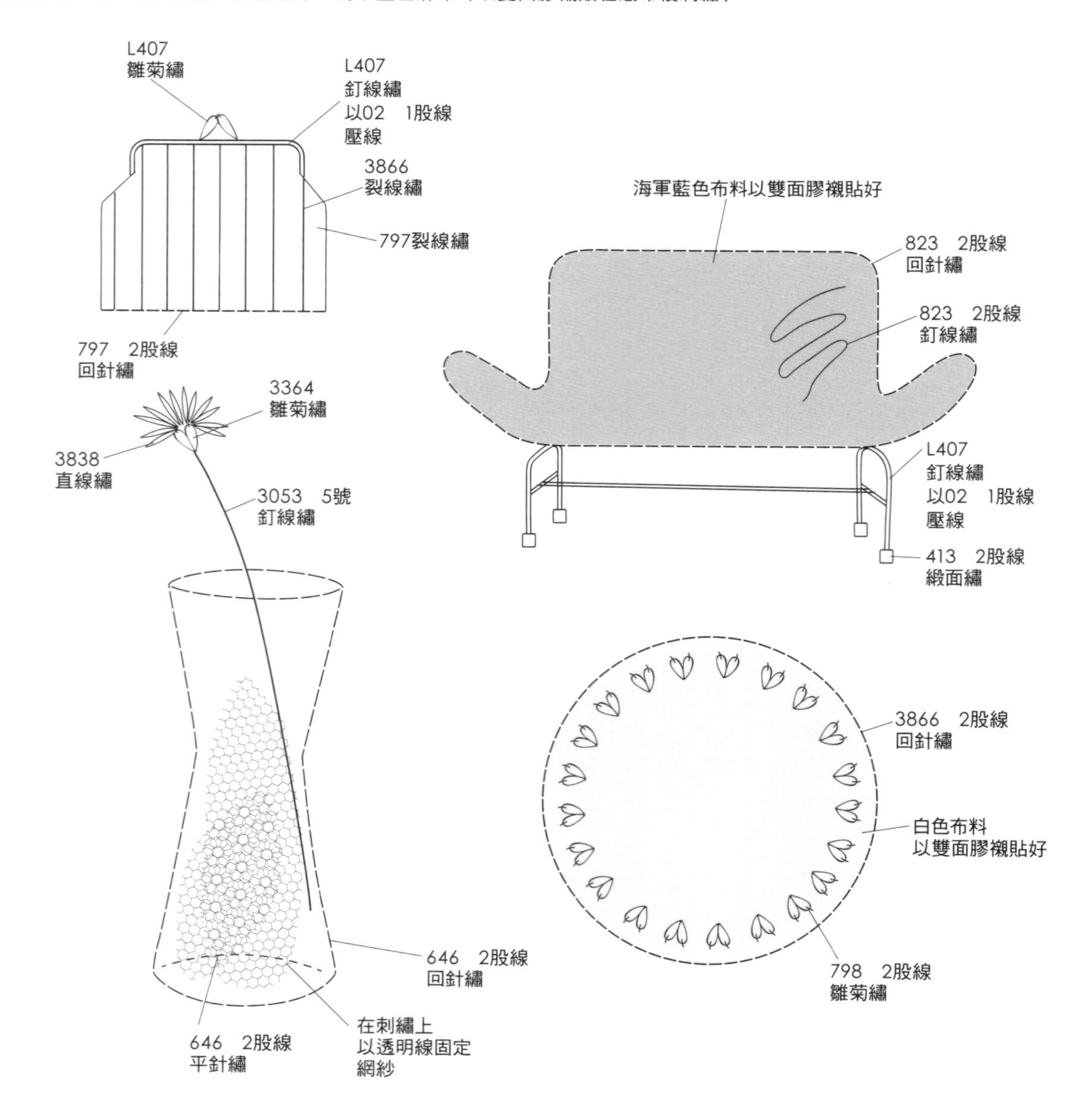
L407
雛菊繡
L407
釘線繡
以02　1股線
壓線
3866
裂線繡
797裂線繡
797　2股線
回針繡
3364
雛菊繡
3838
直線繡
3053　5號
釘線繡
646　2股線
回針繡
646　2股線
平針繡
在刺繡上
以透明線固定
網紗
海軍藍色布料以雙面膠襯貼好
823　2股線
回針繡
823　2股線
釘線繡
L407
釘線繡
以02　1股線
壓線
413　2股線
緞面繡
3866　2股線
回針繡
白色布料
以雙面膠襯貼好
798　2股線
雛菊繡

〔材 料〕DMC繡線25號＝612, 823, 3012, 3831, 3866, 3303　AFE 麻繡線=L417
＊將切出長方形空洞的米色布料，以雙面膠襯貼在藍色布料上並刺繡

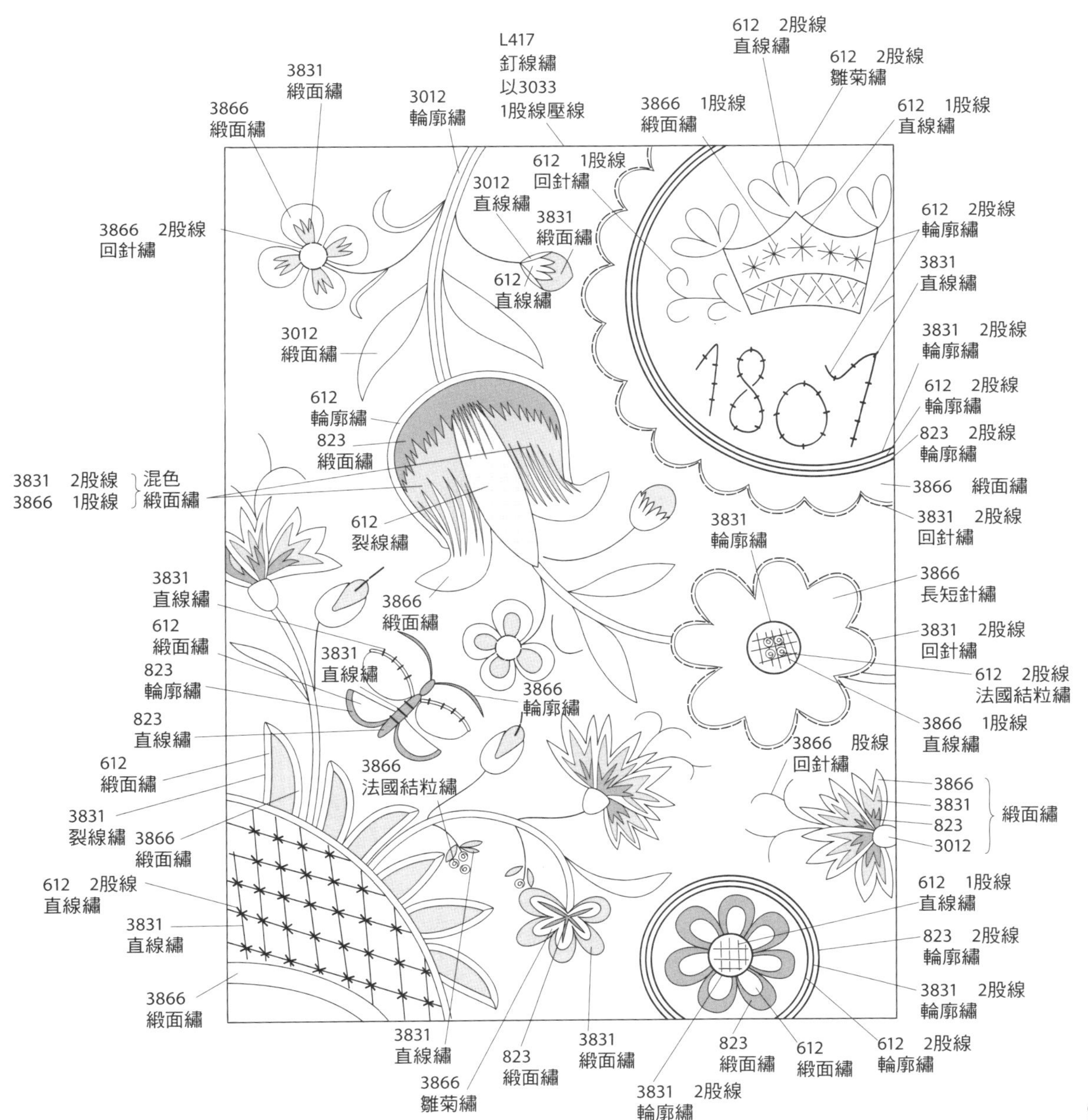

3866
緞面繡
3831
緞面繡
3012
輪廓繡
L417
釘線繡
以3033
1股線壓線
612 2股線
直線繡
612 2股線
雛菊繡
3866 1股線
緞面繡
612 1股線
直線繡
612 1股線
回針繡
3012
直線繡
3831
緞面繡
3866 2股線
回針繡
612
直線繡
612 2股線
輪廓繡
3831
直線繡
3012
緞面繡
3831 2股線
輪廓繡
612
輪廓繡
612 2股線
輪廓繡
823
緞面繡
823 2股線
輪廓繡
3831 2股線
3866 1股線
混色
緞面繡
3866 緞面繡
612
裂線繡
3831 2股線
回針繡
3831
輪廓繡
3831
直線繡
3866
長短針繡
3866
緞面繡
612
緞面繡
3831 2股線
回針繡
3831
直線繡
612 2股線
法國結粒繡
823
輪廓繡
3866
輪廓繡
3866 1股線
直線繡
823
直線繡
3866 股線
回針繡
612
緞面繡
3866
法國結粒繡
3866
3831
823
3012
緞面繡
3831
裂線繡
3866
緞面繡
612 2股線
直線繡
612 1股線
直線繡
3831
直線繡
823 2股線
輪廓繡
3866
緞面繡
3831 2股線
輪廓繡
3831
直線繡
3866
雛菊繡
823
緞面繡
3831
緞面繡
823
緞面繡
612
緞面繡
612 2股線
輪廓繡
3831 2股線
輪廓繡

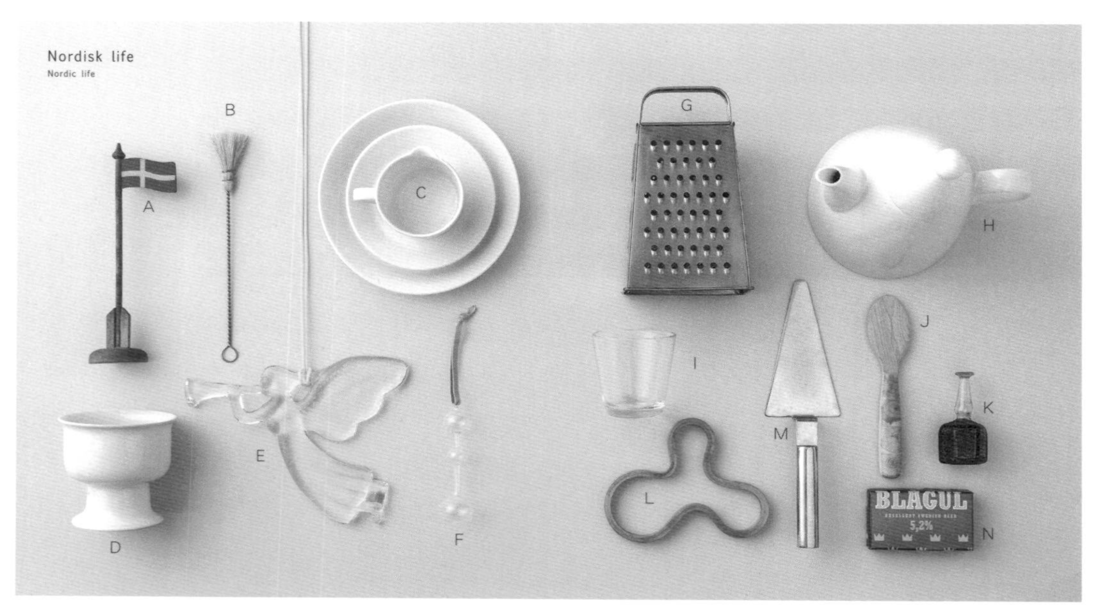
Nordisk life
Nordic life
A
B
C
D
E
F
G
H
I
J
K
L
M
BLAGUL
5,2%
N

>see
p.4-5

Nordisk natur
Nordic nature
A
B
C
D
E
F
G
H
I
DANMARK
HALLAND

>see
p.14-15

>see
p.36-37

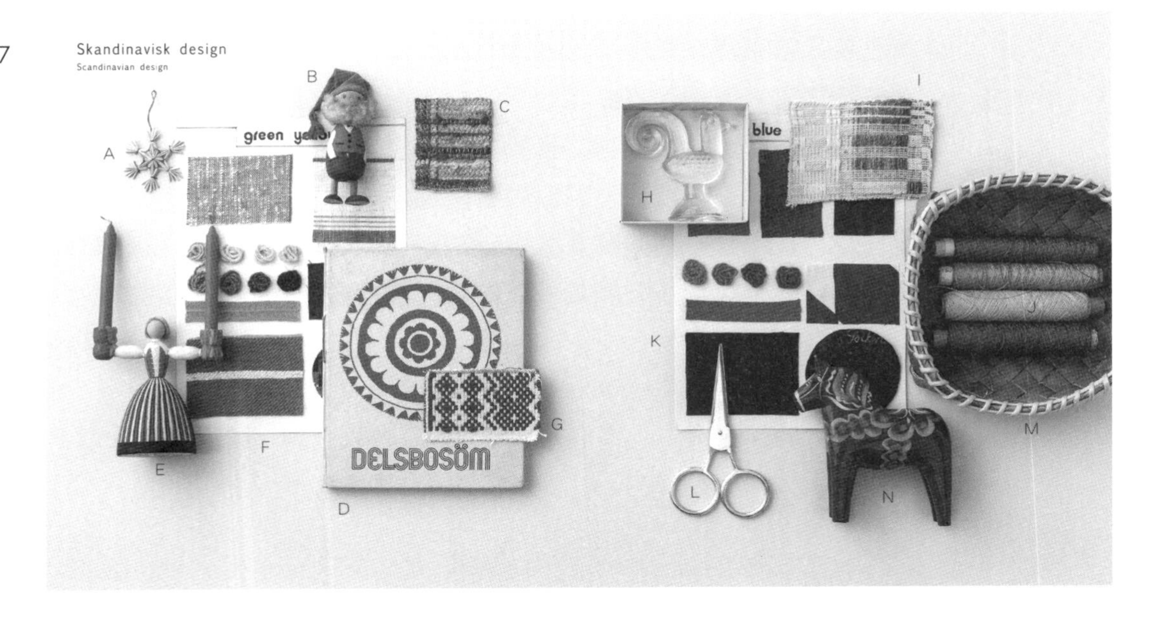
Skandinavisk design
Scandinavian design
green
blue
DELSBOSÖM
A
B
C
D
E
F
G
H
I
K
L
M
N

p.4-5

A 布羅斯的學校班級導師Lena給我的禮物。
B HAY的小刷子是以馬毛作成的，
放在伸手可及的地方洗東西很方便。→p.8
C 阿拉比亞的茶具組。每天使用的餐具。→p.12
D BODA NOVA的水果盤從1970年代起就非常受歡迎。→p.12
E BODA NOVA的玻璃裝飾品。→p.11
F 被取名為「雅典娜之晨」的擺飾。
據說是凱・弗蘭克聽見教會鐘聲獲得靈感製作的。
G 削刀會依據用途分別使用其4面。
在布羅斯的拍賣會上買到的，現在仍繼續使用。→p.8
H 阿拉比亞小丑系列的茶壺。→p.13
I 每天使用的Kartio玻璃杯。
J 活用白樺木紋製成的瑞典奶油刀。
K KOSTA BODA的小小花器。設計師是Bertil Vallien。
L 芬蘭白樺製作而成。→p.8
M BODA NOVA的蛋糕刀。→p.8
N 瑞典啤酒鋁罐製作成的小物盒。

p.14-15

A 橡樹明信片。
B 畫有瑞典夏季花朵的明信片。→p.22
C 家族旅行時使用的紙本地圖。中央圈起來的地方就是我所居住的Borås。
D 從前班上同學，冰島的Sólrún（太陽之石）送我的禮物。
毛茛是Smörblomma（奶油色的花朵）→p.22
E 希望能看到它綻放的北極花。→p.18
F 貝母百合結了種子。
G 自家庭院裡的蔥花。→p.28-29
H 丹麥書籍「每日動物相伴」是在北日德蘭半島的
奧爾堡的古書店買到的。1958年出版。
I 在斯莫蘭散步時發現的。

p.36-37

A 麥稈工藝的聖誕節裝飾品。→p.32
B 班上同學佩塔給我的禮物，是北歐小妖精。→p.40
C 家具用的布料樣品織布。
D 瑞典傳統刺繡的書籍。→p.41
E 穿著瑞典達拉納地區民族服裝的人偶燭台。→p.33
F 顏色課程（Fräglära）中收集綠色材料的頁面。
G 班上同學織的傳統紡織樣品。
H KOSTA BODA的鳥型裝飾品。→p.10
I 班上同學織的床罩樣品。
J 瑞典的麻線。也常用在刺繡當中。
K 藍色材料的頁面。
L 形狀非常有趣，我在丹麥買到的。
M 白樺樹皮的籃子正好用來放線。
N 達拉納地區的馬。

編織課班級在一年結束以後，
大家會交換編織圖和編織樣品歸檔。
就像是交換料理食譜一樣呢！

## 結語

我在1979年~'80年時，
前往瑞典那小小城鎮的編織學校。
正好那時舉辦了是否引進核能發電的全國性投票，
LGBT也已經獲得大多數人認可，
畢業後的同學生下孩子時，
伴侶已經可以取得育兒休假。

我衷心感受到
他們能夠實現一個易於生活的社會，
並擁有能夠不斷誕生全新設計靈感的柔軟內心。
現在的我被北歐的東西包圍著，
仍始終不忘每天的午茶時間。

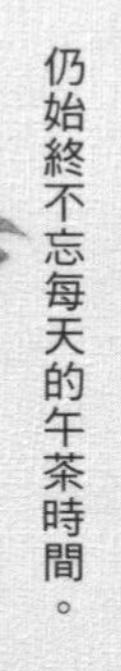

國家圖書館出版品預行編目資料

青木和子的北歐刺繡手札 / 青木和子著; 黃詩婷譯
-- 初版. -- 新北市：雅書堂文化事業有限公司, 2022.1
面； 公分. -- (愛刺繡；29)
ISBN 978-986-302-613-6(平裝)
1.刺繡 2.手工藝

426.2　　110021782

愛｜刺｜繡｜29

# 青木和子的北歐刺繡手札

作　　者／青木和子
譯　　者／黃詩婷
發 行 人／詹慶和
執 行 編 輯／黃璟安
編　　輯／蔡毓玲・劉蕙寧・陳姿伶
執 行 美 編／韓欣恬
美 術 編 輯／陳麗娜・周盈汝
出 版 者／雅書堂文化事業有限公司
發 行 者／雅書堂文化事業有限公司
郵政劃撥帳號／18225950
戶　　名／雅書堂文化事業有限公司
地　　址／220新北市板橋區板新路206號3樓
電　　話／(02)8952-4078　傳真／(02)8952-4084
網　　址／www.elegantbooks.com.tw
電 子 信 箱／elegant.books@msa.hinet.net

2022年1月初版一刷　定價 420 元

AOKI KAZUKO NO SHISHU HOKUO NOTE



經銷／易可數位行銷股份有限公司
地址／新北市新店區寶橋路235巷6弄3號5樓
電話／(02)8911-0825　傳真／(02)8911-0801



青木和子　Kazuko Aoki

武藏野美術大學畢業。於色彩公司職涯後前往瑞典留學。
以庭院裡種的花草、日常生活周遭的物品、
旅行途中獲得的靈感做出天然刺繡作品。
除了將作品提供給設計公司及廣告以外也有大量著書，
並於全世界8個國家翻譯出版。

「青木和子的花草刺繡之旅：與英國原野動人的相遇」
「青木和子 刺繡食譜A to Z」
「青木和子 十字繡 A to Z」
「青木和子の花草刺繡之旅 2：清秀佳人的幸福小島」
「青木和子 季節刺繡 SEAZONS」
「青木和子 庭院花卉圖鑑」
「青木和子 刺繡之旅：拜訪科茨沃爾德與湖水區」
「青木和子庭院蔬菜刺繡」
「青木和子的刺繡漫步手帖」等多數。
部分繁體中文版著作由雅書堂文化出版。

staff

發行人／濱田勝宏
書籍設計／天野美保子
攝影／安田如水(文化出版局)
繪圖／day studio DAIRAKU SATOMI
校閱／向井雅子
編輯／大澤洋子(文化出版局)

參考文獻

lilla vårfloran Almqvist & Wiksell AB
UT I NATUREM Pedagogisk information AB
Feltfloraen Gyldendal
The Red Thread Oak Publishing
北歐設計　1 家具與建築
　　　　　2 PRODUCT 渡部千春 petit graphcing
北歐杯盤　雄出版
瑞典四季曆　訓覇法子　東京書籍

繡線提供
DMC
http://www.dmc.com

麻繡線提供
AFE
http://www.artfiberendo.co.jp/

Secial Thanks
Kotte & Co.
GUSTAVSBERG正規進口代理店
https://gustavsberg.jp/